TANJA DAUTZENBERG

Mit Freude bringen

ZEITGEMÄSSE JAGDHUNDEAUSBILDUNG –
ERFOLGREICH ZUM SICHEREN APPORT

KOSMOS

☞ *Inhalt*

APPORTIEREN
— *mehr als nur Bringen*

DER APPORT IN DER JAGDHUNDEAUSBILDUNG

Apportieren ist nicht nur eine sinnvolle Beschäftigungsform, sondern vor allem unerlässlich für eine tierschutzgerechte Bejagung von Niederwild. Die Ausbildung ist dabei vor allem praxisorientiert.

Der Begriff „Apportieren“ leitet sich aus dem lateinischen Wort apportare = herbeibringen ab. Im Rahmen der Jagd soll der Hund das vom Jäger erlegte Wild bringen. Die Vorteile liegen dabei auf der Hand. Der Hund ist grundsätzlich schneller, kommt in unwegsamem Gelände besser voran und ist aufgrund seines dem Menschen überlegenen Geruchssinnes in der Lage, Wild zu finden, welches nicht unmittelbar sichtbar zur Strecke gekommen ist. Dies gilt für die Jagd im Feld, im Wald und in besonderem Maße auch für die Jagd am Wasser. Krankes und gegebenenfalls noch mobiles Wild kann vom Hund schnell aufgespürt und, je nach Wildart, zeitnah abgetan oder dem Jäger noch lebend gebracht werden. Dies ist unerlässlich für eine waidgerechte sowie tierschutzgerechte Jagd, bei der dem Wild unnötiges Leid erspart werden muss.

DER APPORT IM ZEITGEIST DER HUNDEAUSBILDUNG

Der Mensch beschäftigt sich mit der Ausbildung von Hunden, seit er sich die Fähigkeiten seiner vierläufigen Gehilfen zunutze macht. Bereits im 16. Jahrhundert wurden dazu Schriften veröffentlicht und Ratgeber geschrieben. Dabei haben sich bis heute viele Dinge geändert, manches hat sich allerdings auch bis heute bewährt. Mit dem Aufkommen von Rassezuchtvereinen Ende des 19. Jahrhunderts wurden die ersten Zuchtprüfungen abgehalten. Sowohl die Anlagen der Hunde, als auch ihre Leistungen in den Abrichtefächern wurden nun dokumentiert, um eine möglichst eindeutige Selektion für die Zucht auf leistungsstarke Jagdhunde zu ermöglichen. Später wurde der Einsatz von Jagdgebrauchshunden zusätzlich durch die Landesjagdgesetze geregelt. Wer also nicht nur züchterisch, sondern auch jagdpraktisch mit seinem Hund tätig werden wollte, brauchte guten Rat und eine fundierte Anleitung. Es entstanden Nachschlagewerke, die teilweise heute noch zu Klassikern im Bereich der Jagdhundeausbildung gehören.

Auch bei der Jagd auf Krähen darf der Hund nicht fehlen.

Gemeinsam Beute machen auf der Flugwildjagd

DINGE ÄNDERN SICH

Hundeausbildung ist immer auch vom aktuellen pädagogischen Zeitgeist geprägt. Bis in die zweite Hälfte des 20. Jahrhunderts war Strafe und körperliche Züchtigung gegenüber Kindern durchaus noch an der Tagesordnung. Was heute verpönt und strafbar ist, war damals Normalität. Das galt auch bei der Abrichtung des Gebrauchshundes. Die meisten Hunde erfüllten einen bestimmten Zweck. Neben den Jagdhunden, gab es Diensthunde bei der Polizei und beim Militär. Die Schäfer hielten Hütehunde oder bei Bedarf Herdenschutzhunde. Selbst die meisten „zivilen" Hunde wurden zu einem bestimmten Zweck gehalten. Sei es auch „nur" als Hof- oder Wachhund. Wer seinen Job gut machte, hatte mit Sicherheit ein erfülltes Leben und konnte seinen Neigungen nachgehen. War die Ausbildung aber gescheitert und fiel ein Hund aus der Reihe, dann hatte der Mensch selten die Zeit, noch sah er die Notwendigkeit, anspruchsvolle pädagogische Maßnahmen an seinem Hund durchzuführen. Mit steigender Popularität der Familienhundehaltung beschäftigten sich aber immer mehr Menschen mit Erziehung und Ausbildung der Vierläufer. Zudem stieg der Stellenwert des Hundes als Familienmitglied weiter an. Zwingerhunde wurden mehr und mehr von Sofahunden abgelöst. Die Entwicklung vom reinen Gebrauchshund zum brauchbaren Familienhund trug dazu bei, dass sich Halter mehr Gedanken um ihre Beziehung und Bindung zum Hund machten. Funktion und Ausbildungsziel standen nicht mehr an erster Stelle. Auch im Bereich der modernen Verhaltensforschung wurde Canis lupus familiaris zum interessanten Forschungsobjekt. Vermehrt wurden die Lerntheorien bewusst auf die Ausbildungskonzepte angewendet. So entstand zum Beispiel in den 1960er Jahren das Clickertraining in der Delfindressur, welches allerdings erst in den 1990er Jahren in der Hundeausbildung populär wurde. Insgesamt entwickelte sich der gesellschaftliche pädagogische Grundgedanke weg von Systemen der Strafe, hin zu motivationsorientiertem Lernen. Nicht zuletzt gibt auch das Tierschutzgesetz Rahmenbedingungen für die Ausbildung von Hunden vor. Stromimpulsgeräte sowie Stachelhalsbänder sind mittlerweile verboten. Auch erhebliche Schmerzen und Leiden dürfen einem Hund im Rahmen der Ausbildung nicht zugefügt werden. Letzteres kann natürlich sehr individuell ausgelegt werden.

IDEOLOGISCH GEPRÄGTE DEBATTE

Wenn Sie sich als unbefangener Mensch und vielleicht sogar Erstlingsführer eines Jagdhundes mit dem Thema Apport beschäftigen, werden Sie vieles hören, sehen und erleben. Sie können sich mit anderen Hundeführern unterhalten, Ausbilder und Trainer befragen und sich in den sozialen Medien umschauen. Jeder wird Ihnen etwas anderes erzählen und jeder meint, Recht zu haben. Vor allem aber haben die anderen Unrecht. Lassen Sie sich von denjenigen, die am lautesten schreien, nicht beirren. Es gibt tatsächlich viele Wege, die ans Ziel führen können. Am Ende müssen Sie sich selbst ein Bild machen und Ihre gesammelten Informationen einordnen und bewerten. Dazu ist aber ein gewisses Grundlagenwissen nötig und auch eine grobe Kenntnis über die in der Praxis gängigen Ausbildungsmethoden. Außerdem sollten Sie wissen, worauf Sie sich einlassen, wenn Sie die Herausforderung „jagdliches Apportieren“ annehmen. Sie haben eine konkrete Zielsetzung und eine Auswahl an Wegen, die Sie zur Erreichung dieses Ziels einschlagen können. Ihr gewählter Weg muss zu Ihnen und Ihrem Hund passen, Sie müssen jederzeit voll dahinterstehen, damit Sie ihn, auch wenn er stellenweise steinig und holprig werden sollte, unbeirrt weiter gehen können. Konsequenz und Kontinuität machen am Ende den Erfolg!

TIPP

Erkundigen Sie sich vor dem Besuch einer Hundeschule oder eines Hundekurses über das Ausbildungskonzept und suchen Sie das Gespräch mit Ausbildern und Teilnehmern.

Die gute Beziehung zum Hund ist wichtig.

WARUM APPORTIERT EIN HUND?

Apportieren ist nicht nur reine Dressur, sondern vor allem Beziehungsarbeit. Das wird in den ideologisch geprägten Debatten gerne außer Acht gelassen. Da steht die Methodik an erster Stelle. Doch jede Methode kann versagen, wenn die Beziehung zwischen Hund und Mensch nicht optimal ist. Beim Apportieren geht es um Beute und darum, den Hund davon zu überzeugen, diese Beute seinem Menschen zu bringen, statt sie für sich selbst zu beanspruchen. Andererseits geht es aber auch darum, einem Hund beizubringen, auf ein bestimmtes Kommando (Apport) ein bestimmtes erwünschtes Verhalten zu zeigen (bringen). Sie müssen Ihrem Hund also zunächst begreiflich machen, was Sie überhaupt von ihm wollen, wenn Sie „Apport“ sagen. Sobald Sie ihm das beigebracht haben, besteht

Schlechte Stimmung spürt der Hund sofort und reagiert gehemmt.

Gute Stimmung sowie ein freundlicher und fairer Umgang sind sichtbar.

die große Kunst darin, dass Ihr Hund das, was Sie wollen, zuverlässig in nahezu jeder Lebenslage ausführt. Das gilt übrigens nicht nur für das „Apportieren", sondern auch für alle anderen Kommandos. An dieser Stelle können Sie sich ruhig die Frage stellen, was Sie selbst dazu veranlasst, Ihren Job zu machen, und welche Faktoren Auswirkungen auf die Qualität Ihrer Arbeit haben. Sie gehen wahrscheinlich zur Arbeit, um Geld zu verdienen. Das machen Sie zuverlässig jeden Tag, auch wenn Sie mal weniger Lust haben. Denn wenn Sie nicht gehen, bleibt langfristig das Gehalt aus. Haben Sie aber Spaß an Ihrer Arbeit und am Umgang mit Ihren Kollegen, dann würde Ihnen auch die Anerkennung und das soziale Miteinander fehlen. Ihr volles Potenzial schöpfen Sie also aus, wenn Sie gut bezahlt werden, Freude an der Arbeit haben, in ihr einen Sinn sehen und von anderen Anerkennung bekommen. Sie tun somit etwas für sich aus eigenem Antrieb heraus, obwohl Sie es auch für andere machen. Und die Tatsache, für wen Sie etwas tun, spielt ebenfalls eine Rolle bei der Zuverlässigkeit. Sie haben einen tollen Job, nette Kollegen und werden gut bezahlt. Allerdings scheint draußen die Sonne und ein Tag im Liegestuhl ist heute sehr verlockend. Halten Sie Ihre Vorgesetzten für unsouveräne Führungspersönlichkeiten, werden Sie Ihre Aufgaben vielleicht halbherziger erledigen und eine gute Ausrede für den freien Tag finden. Schätzen Sie diese Person, für die Sie einen Job erledigen sollen, allerdings wert, ist diese Person souverän und fair, werden Sie auch an diesem schönen Tag pünktlich zur Arbeit erscheinen. Das erwünschte Verhalten zeigen Sie also besonders zuverlässig aufgrund einer gesunden Mischung aus Zwang, angemessener Bezahlung, Anerkennung (Belohnung), Wertschätzung, Eigenmotivation und Kooperationswillen. Der Hund als hoch soziales und an den Menschen hervorragend angepasstes Wesen handelt aus sehr ähnlichen Beweggründen.

HOHE ANFORDERUNGEN AN DEN JAGDHUND

Apportieren kann großen Spaß machen und die Beziehung zwischen Hund und Halter positiv beeinflussen.

Es ist eine tolle Beschäftigungsform, für den Jagdhund allerdings auch Beruf und Pflicht. Die Regeln sind eindeutiger und die Anforderungen mitunter hoch. Je nachdem, in welchen Revieren Jagdhunde eingesetzt werden, müssen sie in der Lage sein, eine Vielzahl von Niederwildarten zu apportieren. Dazu gehören Federwild, Haarwild und Haarraubwild. Die meisten Hunde hegen hier Präferenzen oder auch Antipathien, die die Qualität des Apportierens allerdings nie beeinflussen dürfen. Federn verteilen sich bei ungünstigem Griff großzügig im Maul, Raubwild hat einen für den Hund extrem starken, unangenehmen Duft, wohingegen andere Wildarten wie Kaninchen oder Ente besonders gut riechen. Die Konsistenz des Wildkörpers kann fest, weich oder sogar schlüpfrig sein. Hinzu kommen die unterschiedlichen Gewichtsklassen. Von der 250 g schweren Taube bis zur 3 kg schweren Graugans oder dem 10 kg schweren Fuchs ist alles möglich. Versuchen Sie ruhig selbst einmal jedes Wild, welches Ihr Hund apportieren soll, mit einer Hand mittig am Körper aufzuheben und mit dem Handrücken nach oben zu tragen. Sie werden merken, dass es ab einer bestimmten Größe gar nicht so leicht ist. Denn zum steigenden Gewicht kommt in der Regel auch ein größeres Körpervolumen hinzu, welches einen sehr festen Griff bei weit geöffnetem Maul voraussetzt. Bei kleineren und leichteren Wildarten muss der Griff wiederum dosierter sein, damit die Taube oder Ente auch noch als Lebensmittel genutzt werden kann. Frisch geschossenes Wild ist zudem noch warm und kann schweißen. Ebenso können große Wunden entstehen, so dass Wildbret und Innereien frei liegen. Was für uns eher unappetitlich wirkt, kann manche Hunde durchaus dazu verleiten, das Wild anzuschneiden. Das darf natürlich keinesfalls geschehen. Auf all das muss sich der Hund einstellen und seinen Griff dementsprechend anpassen.

Beim Apport einer Taube ist Feingefühl erforderlich.

WIDRIGE UMSTÄNDE

Der Jagdgebrauchshund muss bei nahezu jedem Wetter einsatzbereit sein, Regen, Hitze, Wind und kaltes Wasser dürfen seinen Arbeitseifer nicht beeinflussen. Außerdem kann ein jagdlicher Einsatz mehrere Stunden andauern, in denen der Hund entweder mehrere Male eingesetzt wird oder eine einzelne Verlorensuche viel Zeit in Anspruch nimmt. Dabei muss der Vierläufer immer konzentriert und zielorientiert arbeiten. Aufgeben ist keine Option.
Der Jagdhund muss sich durchs Unterholz kämpfen, darf weder Dornen, Disteln, noch Brennnesseln scheuen und legt dabei weite Strecken zurück. Arbeitet der Hund in hohem Bewuchs und unübersichtlichem Gelände, muss er sich gut orientieren können, um immer wieder zu seinem Menschen zurückzufinden. Auch Hindernisse wie Gräben, Hecken oder Zäune dürfen ihn nicht aufgeben lassen. Auch sie muss er mit oder ohne Beute im Fang souverän meistern.

Auch dichte Brombeeren darf der Hund nicht scheuen.

Verleitungen sind in der Jagdpraxis allgegenwärtig.

HOHE ABLENKUNGSREIZE

Jagdhunde jeder Rasse bringen in der Regel genetisch bereits eine hohe jagdliche Passion mit. Die ist hilfreich und notwendig, um unter jeglichen Umständen ihre jagdlichen Aufgaben zu bewältigen, allerdings herrschen bei der Jagd auch enorm hohe Reizlagen, denen der Hund widerstehen muss. Ist seine Aufgabe, eine geschossene Ente aus dem Teich zu holen, dann darf er sich von weiteren lebenden Enten im Schilf oder auf der Wasserfläche nicht ablenken lassen. Einmal aufgenommenes Wild muss gebracht werden, auch wenn um ihn herum weiteres Wild geschossen wird und ihm ein Fasan dabei vor die Pfoten fällt. Bei Gesellschaftsjagden fallen viele Schüsse aus verschiedenen Richtungen, mehrere Hunde arbeiten gleichzeitig und gesundes Wild kreuzt unbeschossen den Weg des Hundes. All das sind Reize, denen die meisten Hunde aufgrund ihrer starken Passion nur allzu gerne nachgehen würden. In der Ausbildung muss daher sichergestellt werden, dass für den Hund die an ihn gestellte Aufgabe an erster Stelle steht. Daher müssen auch im Training solche Konflikte gezielt herbeigeführt und eingearbeitet werden.

INFO

Jagdliches Apportieren ist eine ernsthafte Herausforderung, die aber letztlich Hund und Mensch zu einem Team vereint!

APPORTIERGEGENSTÄNDE
— *vom Dummy zum Wild*

GEDANKEN VOR DEM KAUF

Die Wahl des passenden Apportiergegenstandes zum richtigen Zeitpunkt kann die Ausbildung des Hundes sowohl positiv als auch negativ beeinflussen. Auch der Umgang mit Apporteln sollte nicht gedankenlos sein.

Hundespielzeug gehört zu den Verkaufsschlagern schlechthin. Es gibt Bälle, Seile, Knoten, Gummiknochen, Stofftiere und Gummitiere in verschiedensten Ausführungen. Manches davon quietscht oder brummt, wenn der Hund darauf herum kaut. Für ein jagdliches Apportiertraining sind solche Gegenstände absolut ungeeignet. Der Griff beim Apport sollte immer angepasst und gleichmäßig sein. Wertvolles Wildbret könnte sonst ungenießbar sein, wenn es bei Ihnen ankommt. Eine auf diese Art und Weise bearbeitete Ente oder ein Kaninchen möchten Sie danach mit Sicherheit nicht mehr essen. „Knautscht" ein Hund in solchem Maße, dass Hämatome oder gar offene Stellen am Wildkörper entstehen, ist dies bei jagdlichen Prüfungen ein Durchfallkriterium. Das heißt nun nicht, dass Ihr Hund unter gar keinen Umständen in seiner Freizeit mal ein Gummihuhn bearbeiten darf, allerdings sollten Sie bei den Apportierübungen auf andere Gegenstände zurückgreifen, damit sich Ihr Hund das Kauen in Verbindung mit dem Apport gar nicht erst angewöhnt. Außerdem unterliegt das Apportieren, ganz gleich mit welcher Methode Sie es einarbeiten, einem konkreten Regelwerk. Dabei geben Sie die Regeln vor und teilen das Beuteobjekt für die gemeinsame Arbeit zu. Außerhalb der Trainingseinheiten sollten Sie Ihrem Hund den Apportiergegenstand nicht zur freien Verfügung geben.

TIPP

Der Umgang mit Apportiergegenständen sollte immer kontrolliert stattfinden.

Einarbeiten mit vielen Apportiergegenständen hilft bei der Generalisierung.

Spielzeug kann Apportiergegenstand sein, nicht umgekehrt!

01

02

01 Der Mensch ist verantwortlich für die Beute und übernimmt deren Sicherung.

02 Die Beute wird vom Hundeführer sicher verwahrt.

BEUTE SICHERN

Der Apportiergegenstand, die Ersatzbeute, hat wie die echte Beute in der jagdlichen Praxis einen besonderen Stellenwert. Daher muss sie gesichert werden und darf nicht wie jeder x-beliebige Gegenstand achtlos herum liegen oder gar unflätig behandelt werden. Zerkauen, Zerrupfen, Umherwerfen oder gar Einbuddeln sind absolute Tabus. Das Privileg, die Beute zu sichern, haben Sie. Dabei muss Ihnen Ihr Hund absolut vertrauen können. Sie tragen die Verantwortung für die Ressourcen Ihrer Mensch-Hund-Familie. Lassen also auch Sie die Apportel nicht für andere, besonders nicht für fremde Hunde, zugänglich offen herumliegen. Manche Probleme im Zusammenhang mit dem Apport, wie unzuverlässiges Bringen oder gar das Vergraben von Beute, können der Tatsache geschuldet sein, dass Ihr Hund nicht das nötige Vertrauen in seinen Menschen hat, dass er die Beute sichert. Besonders, wenn diese Probleme nur auftauchen, wenn andere Hunde oder Menschen in der Nähe sind.

METHODIK

Überlegen Sie sich vorher, mit welcher Methode Sie Ihrem Hund das Apportieren beibringen wollen beziehungsweise wie Sie damit anfangen möchten. Entscheidungshilfen und konkrete Anleitungen dazu finden Sie in den nachfolgenden Kapiteln dieses Buches. Zur spielerischen Förderung der Bringfreude muss der Gegenstand ein gewisses Interesse beim Hund hervorrufen. Auch bei mäßigen Ablenkungsreizen während der ersten Trainingseinheiten außerhalb des Hauses sollte das Beuteobjekt für Ihren Hund noch attraktiv sein. Da sich der Hund selbstständig einen ausgewogenen Griff angewöhnen soll, vermeiden Sie am besten Gegenstände mit Bändern, Schlaufen oder anderen abstehenden Elementen, sofern Ihr Hund die Tendenz zeigt, die Gegenstände daran aufzunehmen.

Der Apportiergegenstand sollte dem Alter und Trainingsstand des Hundes angepasst sein.

Das Tragen an solchen dünnen Zipfeln verhindert den Ausbau eines sicheren Griffs und verleitet mitunter zum Schütteln. Ist der Dummy zu leicht, greifen manche Hunde den Dummy zu locker und verlieren unterwegs mehrfach ihre Beute. Das kann zu Frust führen oder bewirkt ein permanentes Nachgreifen. Ist der Dummy zu schwer und der Hund lässt ihn aufgrund dessen häufig fallen, hat dies den gleichen Effekt. Beim Clickern ist es vorteilhaft, wenn Sie mit Objekten starten, die grundsätzlich mittig besonders gut zu greifen sind. So können Sie im Free Shaping (freies Formen) direkt die korrekte Aufnahme des Dummys bestätigen, ohne bei Fehlgriffen Kompromisse eingehen zu müssen. Möchten Sie über negative Verstärkung (Zwangsapport) das Apportieren aufbauen, ist es besonders wichtig, dass der Dummy für den Hund nicht unangenehm im Maul ist. Vor allem also nicht zu hart oder zu groß.

ALTER DES HUNDES

Von Bedeutung ist hauptsächlich der Zahnwechsel des Hundes. Ab dem Alter von 12 Wochen kann bei Ihrem Hund der Zahnwechsel beginnen. Das kann sehr unangenehm und mit Schmerzen verbunden sein. Da ist es vollkommen logisch, dass besonders harte Apportiergegenstände nicht gerne und sauber vom Hund gegriffen werden. Sobald Sie den Eindruck haben, dass Ihr Vierläufer Hemmungen hat, bestimmte Gegenstände aufzunehmen, versuchen Sie es mit weicheren Dummys. In akuten Phasen kann es angebracht sein, mit dem Apportiertraining eine Zeitlang zu pausieren. Wenn Sie eine Ausbildungsmethode gewählt haben, bei der Ihr Hund seinen Griff allerdings selbstständig anpassen kann, gilt das in der Regel nicht für die gesamte Phase des Zahnwechsels. Möchten Sie den Zwangsapport anwenden, sollten

Sie damit bis zur Vollendung des Zahnwechsels warten. Zu diesem Zeitpunkt ist der Hund ungefähr 6 Monate alt. Eine falsche Handbewegung oder zu viel Druck auf das Gebiss kann Ihrem Hund dann nämlich das Apportieren grundsätzlich verleiden.

TRAININGSSTAND DES HUNDES

Hat Ihr Hund bereits gelernt, einen Gegenstand zügig und sauber zu apportieren, ist es an der Zeit, weitere Apportiergegenstände in die Übungen mit einzubeziehen. So lernt Ihr Hund zu generalisieren. Er hat bisher das Kommando „Apport" mit genau dem Apportel verknüpft, mit dem Sie ihn eingearbeitet haben. Er muss nun verallgemeinern, dass „Apport" nicht nur für Dummy A, sondern auch für Dummy B, C und so weiter und schließlich auch für Wild gilt. Schrittweise können Sie jetzt weitere Apportiergegenstände etablieren, die sich alle in Umfang, Gewicht, Oberfläche und Haptik unterscheiden. Gehen Sie beim Gewicht mit behutsamen Steigerungen vor. Wie beim Gewichtheben muss sich die Nackenmuskulatur Ihres Hundes langsam anpassen und entwickeln. Ein Feldhase kann gut 3,5 kg und ein Wildkaninchen bis 2,5 kg wiegen. Dummys in dieser Gewichtsklasse sollte Ihr Hund bereits sicher apportieren können, bevor Sie das Training mit Wild beginnen.

TIPP

Sicherheit im Apport schaffen Sie durch Generalisierung. Daher sind langfristig unterschiedliche Apportiergegenstände im Verlauf des Trainings sinnvoll.

Dead-Fowl Dummys fördern einen sicheren Griff.

Felldummys als erster Schritt zum Wild

Training mit schweren und sperrigen Dummys

DIE GROSSE AUSWAHL

Im Fachhandel finden Sie eine große Auswahl an Apportiergegenständen. Hier können Sie sich auf dem Weg der Einarbeitung zum Apport großzügig bedienen, denn es ist für jede Trainingsphase etwas Passendes und Sinnvolles dabei.

Wie bereits erwähnt gibt es neben Dummys auch eine große Menge verschiedener Spielzeuge für Hunde. Haben Sie Ihrem Welpen oder Junghund ein Stofftier oder einen Kauknoten gegönnt und wird dieser gerne herumgetragen, dann spricht nichts dagegen, mit diesem Gegenstand die Bringfreude Ihres Hundes über Beutespiele und Tauschgeschäfte zu fördern. Seien Sie dabei der Initiator und beenden Sie das Training, bevor Ihr Hund die Lust verliert.

TIPP
Besorgen Sie sich zu Beginn des Trainings zwei bis vier unterschiedliche, aber einfache Dummys, die bezüglich Größe und Gewicht zu Ihrem Hund passen!

WELPENDUMMYS

Welpendummys sind in der Regel Standarddummys, also aus Canvasstoff bestehende Säcke, die mit einem Granulat gefüllt sind. Sie sind dementsprechend kleiner und leichter. Ihr Gewicht liegt zwischen 80 g und 250 g. Es gibt Ausführungen ohne Schnur und sogar Teacherdummys, die in der Mitte schmaler sind als außen. So greift Ihr Hund von Anfang an lieber in der Mitte und Sie vermeiden das unerwünschte Aufnehmen an der Schnur, welches gerne zum Schleudern des Dummys verleitet. Welpendummys gibt es in allerlei Ausführungen, die es auch für die Standarddummys gibt. In unterschiedlichen Farben oder mit einem Überzug aus Fell.

Der passende Gegenstand für den korrekten Griff

Für das Training mit dem Welpen

Ein Futterbeutel kann manchmal der Türöffner bei der Arbeit mit dem Hund sein.

Vorteil Das geringe Gewicht und die angenehme Griffigkeit
Nachteil Für den Einstieg ins Apportiertraining eventuell für den Hund nicht interessant genug

STANDARDDUMMYS

Standarddummys kommen ursprünglich aus der Dummyarbeit mit Retrievern. Die relativ festen, mit Kunststoffgranulat gefüllten Canvasbeutel eignen sich aber hervorragend für das tägliche Apportiertraining. Besonders wenn Sie komplexere Übungen zum Einweisen, Markieren oder auch zur Freiverlorensuche aufbauen und weiterentwickeln wollen, dürfen Sie davon ruhig ein paar mehr im Repertoire haben. Es gibt sie in verschiedenen Farben. Dabei ist die Wahl der Farbe nicht unbedingt abhängig von Ihrem Geschmack, sondern sollte mit einbezogen werden, wenn es darum geht, ob Ihr Hund den Dummy im Training gut sehen oder lernen soll, sich auf seinen Geruchssinn zu verlassen. Das Farbspektrum des Hundes umfasst blau, violett und gelb. Sie sind somit gewissermaßen rot-grün-blind. Der klassische Standarddummy wiegt 500 g. Sie erhalten ihn aber auch in niedrigeren sowie höheren Gewichtsklassen. Häufig haben Dummys an einer Seite eine kurze Schnur mit Griff, die den Transport und das Ausbringen bzw. Auswerfen sehr komfortabel gestalten.
Vorteil Ist Ihr Hund mit dem Standarddummy in einer Gewichtsklasse bereits vertraut, ist der Umstieg in weitere Gewichtsklassen einfacher. Arbeiten Sie im Training mit mehreren Dummys gleichzeitig, ist die Wertigkeit der Dummys für Ihren Hund gleich. Das Fehlen einer Präferenz vermindert die Gefahr, dass der Hund während der Arbeit tauschen will und erleichtert die Einarbeitung von Richtungseinweisungen.
Nachteil Für einen Einstieg in das Apportiertraining über die Bringfreude ist dieser Dummy nicht besonders attraktiv. Das gilt langfristig auch für Übungen, bei denen über das Apportel hohe Reizlagen geschaffen werden sollen, um Impulskontrolle auszubauen sowie Rückpfiff und Stopppfiff abzusichern.

FUTTERBEUTEL

Futterbeutel sind Säcke aus unterschiedlichen Materialien, die geöffnet werden können, um Futter und Leckerchen einzufüllen. Ein derart gefüllter Gegenstand ist selbstverständlich für die meisten Hunde sehr interessant und kann Apportiermuffel, die wirklich gar nichts freiwillig ins Maul nehmen und tragen wollen, zur kooperativen Mitarbeit bewegen. Bringt der Hund den Futterdummy, wird er daraus direkt belohnt. Mancher Vierläufer ist allerdings mehr damit beschäftigt, selbst zu versuchen, den Beutel zu öffnen, und denkt gar nicht daran, dass sein Mensch ihm dabei behilflich sein könnte.

Vorteil Sehr interessant und daher guter Einstieg in die Bringfreude für unmotivierte Hunde, besonders wenn man über das Prinzip „Futter für Arbeit" einen Einstieg schaffen möchte.

Nachteil Für manche Hunde zu interessant, das Futter im Dummy kann zum Kauen und Knautschen verleiten.

Dummys mit hohem Gewicht zum Training des fortgeschrittenen Hundes.

FELLDUMMYS

Felldummys gibt es in verschiedenen Abwandlungen der Standarddummys und als dreigeteilte Dummys. Die Dummys sind entweder komplett mit Fell überzogen oder sind mit einen Streifen Fell in der Mitte ausgestattet. Das kann den korrekten mittigen Griff fördern. Es gibt auch Fellüberzieher für Standarddummys, die allerdings schnell ausleiern und dann vom Dummy herunterrutschen. Am gängigsten ist Kaninchen- und Fuchsfell. Mit dem Felldummy nähern Sie sich langsam der Haptik echten Wildes an.

Vorteil Hunde, die an Standarddummys zunächst wenig Interesse haben, finden Felldummys oft interessanter. Es können aufgrund der größeren Attraktivität höhere Reizlagen trainiert werden. Aufgrund des Fells, bereiten Sie Ihren Hund schrittweise auf das Apportieren von Haarwild vor.

Nachteil Für den Apportiereinstieg kann der Felldummy für manche Hunde zu interessant sein. Etwaige Tendenzen zum Schleudern oder Rupfen des Dummys müssen sofort unterbunden werden.

DREITEILIGE DUMMYS

Die dreiteiligen Dummys gibt es ebenfalls in unterschiedlichen Variationen. Durch sie lässt sich bei steigendem Gewicht sehr gut das mittige Greifen trainieren. Der Hund merkt in der Regel schnell, dass er durch den korrekten Griff das Apportel besser tragen kann. Es gibt sie ohne Fell, mit Fell, nur Fell in der Mitte oder auch zum selbst befüllen.

Vorteil Sehr praktikables Gewichtstraining und Annäherung an das Tragegefühl von Wild. Besonders gut geeignet zur Vorbereitung auf den Fuchsapport.

Nachteil Durch ihr hohes Gewicht und die Sperrigkeit sind die Hilfsmittel im Alltagstraining aufwändig mitzuführen.

KUNSTSTOFFDUMMYS

Kunststoffdummys sind meistens mit Luft gefüllt und daher sehr leicht. Dadurch sind sie natürlich besonders schwimmfähig und können gut zum Wasserapport eingesetzt werden.

Wasserdummys aus Kunststoff sind besonders schwimmfähig.

Dead-Fowl Dummys für die Arbeit an Land sowie zu Wasser

Vorteil Lange schwimmfähig und gut zu reinigen
Nachteil Wenig attraktiv und geruchlich nicht besonders intensiv

DEAD FOWL DUMMYS

Dead Fowl bedeutet übersetzt „totes Geflügel“. Dead Fowl Dummys sind optisch den verschiedenen Federwildarten nachempfunden. Mittlerweile gibt es aber auch weitere Tiervarianten, zum Beispiel Kaninchen oder Fuchs. Der Korpus besteht aus Kautschuk. Füße und Haupt, welche oft locker an einer Schnur am Korpus befestigt sind, bestehen aus Hartplastik. So greift der Hund tendenziell lieber den Korpus und kann sich beim Tragen an die baumelnden Bewegungen des Kopfes gewöhnen. Es gibt außerdem Varianten aus Canvasstoff, gefüllt mit Kunststoffgranulat. Hier sind Flügel und Kopf locker angenäht. Dadurch können Sie mit Ihrem Hund trainieren, sich nicht von abstehenden Elementen irritieren zu lassen und beim Aufnehmen direkt den gesamten Körper zu greifen. Die Kautschukdummys sind im Vergleich zu ihrer Größe sehr leicht und daher besonders schwimmfähig.
Vorteil Möglichkeit zum Umfangtraining, losgelöst von eventuell für den Hund noch zu hohem Gewicht. Gut für den Apport am Wasser geeignet.
Nachteil Hoher Preis, für ungeübte Hunde schwer zu tragen

HANTELN

Hanteln oder auch klassische Holzböcke erhalten Sie ebenfalls in vielen Größen und Gewichten. Die Apportierböcke sind so beschaffen, dass sie teilweise tatsächlich nur in der Mitte problemlos vom Hund aufgenommen werden können. Dadurch können Sie von Anfang an einen mittigen Griff fördern. Bei den verschiedenen Ausführungen ist für jeden Trainingsstand des Hundes etwas dabei. Bei manchen Modellen können seitlich weitere Holz- oder Metallplatten aufgelegt werden, um schrittweise das Aufnehmen und Tragen höherer Gewichte zu trainieren.

Das harte Material hindert einerseits die Hunde am Knautschen und einem zu festen Griff, kann aber für sensible Hunde besonders vor Abschluss des Zahnwechsels auch zu schmerzhaften Erfahrungen führen. Manche Apportierböcke haben daher einen Aufnahmebereich aus etwas weicherem Material. Sie können die Mitte aber auch mit Stoff oder Fell umwickeln. Das hat den zusätzlichen Effekt, dass der grundsätzlich eher langweilige Dummy an Attraktivität gewinnt.

Vorteil Nur korrektes mittiges Tragen möglich ohne die Gefahr des Knautschens

Nachteil Sehr hart für sensible Hunde und relativ unattraktiv. Eignen sich nur bedingt zum Auswerfen oder Schleppen ziehen

EIGENKREATIONEN

Um Ihr Repertoire an Apportiergegenständen zu erweitern, dürfen Sie sich ruhig auch in anderen Sparten umschauen. Malerrollen eignen sich zum Beispiel sehr gut zum Apportieren. Um die Haptik von weichem, warmem Wild nachzuempfinden, können Sie längliche Wärmflaschen umfunktionieren. Feste PET-Flaschen mit unterschiedlichem Füllstand sind eine besondere Herausforderung zum Ausbalancieren. Zur Griffkorrektur können sogar diverse für den Hund ungiftige Gemüsesorten zum Apportieren verwendet werden. Die Festigkeit des Griffs lässt sich gut an den Zahnabdrücken beurteilen und kann dementsprechend belohnt oder nicht belohnt werden. Solange sich der Hund an den Gegenständen nicht verletzen oder schädliche Kleinteile herunterschlucken kann, sind Ihrer Kreativität keine Grenzen gesetzt.

Vorteil Günstig und abwechslungsreich

Nachteil Sie müssen sich selbst Gedanken machen.

01

02

03

04

01 Hanteln oder Holzböcke trainieren den mittigen Griff und hohes Gewicht.

02 Wärmflaschen, PET-Flaschen und andere kreative Trainingsgegenstände

03 Bälle, Frisbeescheiben und anderes „Spielzeug“ bringen Variabilität ins Training.

04 Trockenwild erleichtert den Übergang zu echtem Wild und ist lange haltbar.

BÄLLE UND FRISBEESCHEIBEN

Wie bereits erwähnt ist Apportieren kein Spiel und Apportiergegenstände sind kein Spielzeug. Bälle und Frisbeescheiben können aber gezielt im Training genutzt werden um hohe Reizlagen zu konstruieren. Um zum Beispiel zu üben, den Hund von der fliegenden Frisbeescheibe zurückzupfeifen, muss er zunächst gelernt haben, der Scheibe hinterherzurennen und sie zu fangen. Auch hier gilt natürlich die Regel: Was aufgenommen wurde, muss auf direktem Weg gebracht werden. Ein Ballspiel wiederum kann sehr gut als besondere Belohnung beispielsweise bei der Einarbeitung des Stopppfiffes eingesetzt werden. Geworfene Gegenstände, denen der Hund direkt hinterherlaufen darf, lockern das Training zwischendurch etwas auf und oft können sich gerade Junghunde nach ein bis zwei „Happydummys“ wieder besser auf ruhige Übungen konzentrieren. Wichtig ist aber immer ein angemessenes Maß zwischen dynamischen und statischen Übungen.

Vorteil Möglichkeit, hohe Reizlagen im Training nachzuahmen, Auflockerung statischer Übungen, gute Belohnung

Nachteil Aufdrehen des Hundes, unsauberer Apport je nach Trainingsstand aufgrund der hohen Reizlage

TROCKENWILD

Trockenwild ist durch ein spezielles Trocknungsverfahren haltbar gemachtes Wild. Es ist natürlich dementsprechend hart und kann im Trageverhalten nicht mit frischem Wild verglichen werden. Der Geruch ist allerdings sehr ursprünglich und durchaus interessant für die meisten Hunde. Sie können sich im Training also zumindest geruchlich an Wild annähern und das Apportieren eines solch geruchsintensiven Gegenstandes einarbeiten. Es eignet sich auch gut zum Ziehen von Schleppen und ist bei guter Pflege lange verwendbar.

Vorteil Langlebig. Gute olfaktorische Vorstufe zu frischem Wild

Nachteil Hart und sperrig, abstehende Krallen bergen ein Verletzungsrisiko, abstehende Körperteile können leicht abbrechen

SCHLEPPWILD

Schleppwild ist komplett unbehandeltes Wild im frischen bzw. aufgetauten Zustand. Sobald Ihr Hund den Apport verschiedener Gegenstände sicher beherrscht, können Sie beginnen, Ihren Hund mit den verschiedenen Wildarten vertraut zu machen. Auf dem Weg zur Brauchbarkeitsprüfung werden zum regelmäßigen Üben einige Enten und Kaninchen nötig sein. Wenn Ihnen das zu langweilig ist, können Sie aber über die gesamte Palette an jagdbarem und apportierbarem Wild verfügen. Kümmern Sie sich zeitnah um Schleppwild, besonders wenn Sie es nicht selbst erlegen können. Schleppwild ist mittlerweile sehr begehrt und in den Monaten vor den Prüfungen ist der Markt oftmals leer gekauft. Zur Lagerung des Wildes benötigen Sie eine Kühltruhe mit ausreichend Kapazität für mehrere Stücke Wild.

Vorteil Kommt der Praxis am nächsten und ist daher die beste Vorbereitung auf den jagdlichen Einsatz.

Nachteil Teuer, wenn man es kaufen muss, aufwendig zu lagern, nur ein- bis maximal dreimal benutzbar

JUTESÄCKE UND DAMENSTRÜMPFE

Ja, Sie haben richtig gelesen! Bei der Einarbeitung mit Wild können Jutesäcke oder Nylonstrümpfe ein gutes Hilfsmittel sein, wenn sich der Hund mit dem Greifen des ungewohnten Wildkörpers schwer tut. Geruchsintensität und Haptik müssen erst kennengelernt werden. Wenn dann noch das Maul voller Taubenfedern ist oder sich der Flügel der Gans beim Greifen auffächert, ist das eine zusätzliche Herausforderung. Packen Sie das Wild in einen Sack oder Strumpf, hat Ihr Hund die Möglichkeit, den korrekten Griff unter der höheren Reizlage des Wildkörpers einzuüben.

Wird die Taube in einen Nylonstrumpf eingepackt, verliert sie beim Apport keine Federn.

Vorteil Günstig und fast in jedem Haushalt vorhanden

Nachteil Nylonstrümpfe sind schnell kaputt und verknotete Stellen verleiten eventuell zum Greifen an falscher Stelle

WARMES WILD

Mit warmem oder frisch erlegtem Wild wird Ihr Hund je nach Bundesland entweder das erste Mal auf der Prüfung an der lebenden Ente oder im jagdlichen Einsatz Be-

Ein Nylonstrumpf verhindert fliegende Federn, wenn der Griff noch nicht sitzt.

kanntschaft machen. Für viele Hunde ist das natürlich das begehrteste Beuteobjekt. Bevor Sie also Ihren Hund warmes Wild apportieren lassen, müssen Sie sicher sein, dass er im Apport, wie man so schön sagt, gut durchgearbeitet ist. Also vom Dummy bis zum angeschweißten Schleppwild alles, unter allen Umständen, sicher, sauber und kompromisslos zu Ihnen bringt.

Vorteil Echte Beute und somit maximaler Sinn in der jagdlichen Kooperation zwischen Mensch und Hund

Nachteil Für im Apport noch nicht fertig ausgebildete Hunde eine maximale Reizlage und daher Gefahr des Schüttelns, Knautschens und Anschneidens

DUFTSTOFFE

Es gibt synthetische Duftstoffe, die den Geruch verschiedener Wildarten imitieren sollen. Wenige Tropfen davon verleihen jedem Dummy einen Wildgeruch. Ob diese Duftstoffe der Realität nahekommen, vermag der Mensch nicht zu beurteilen. Die Hunde sind aber in der Regel sehr interessiert an auf diese Art und Weise präparierten Apportiergegenständen. Sie eignen sich besonders gut für Übungen, bei denen der Nasengebrauch im Vordergrund steht, wie Freie Verlorensuchen oder Schleppen.

Dead-Fowl-Dummys können beispielsweise mit Duftstoffen aufgepeppt werden.

Statt Duftstoffe zu verwenden, um die Apportiergegenstände olfaktorisch interessanter zu machen, können Sie aber auch die Dummys über Nacht in die Trockenfuttertonne legen oder zusammen mit Wild in eine Tüte.

Vorteil Intensiver Wildgeruch fördert das Interesse am Dummy und prägt auf die zukünftig apportierbaren Wildarten.

Nachteil Duftstoff muss regelmäßig neu aufgetragen werden.

DUMMYLAUNCHER

Mit einem Dummylauncher können mittels Druckluft spezielle, zu dem jeweiligen Modell passende Dummys abgeschossen werden. Der Knall ist dabei ähnlich laut wie ein Schrotschuss. In der Regel werden Platzpatronen unterschiedlichen Kalibers in die Abschussvorrichtung des Launchers zur Drucklufterzeugung eingesetzt. Daher sind die waffengesetzlichen Regelungen bezüglich Schreckschusspistolen zu beachten. Zum Führen eines Dummylaunchers brauchen Sie dementsprechend einen kleinen Waffenschein. Vor dem ersten Einsatz eines solchen Geräts sollte Ihr Hund bereits erfolgreich ein Training zur Schussfestigkeit absolviert haben. Mithilfe des Launchers können Sie Apportierübungen über weite Distanzen trainieren und die Schussruhe üben. Ein unsachgemäßer Gebrauch kann allerdings zu Schussscheue oder Schusshitzigkeit führen.

Vorteil Geeignet für Steadyness-Training, Apport über weite Distanzen

Nachteil Nicht überall einsetzbar, teuer, bei unsachgemäßem Gebrauch sind Fehlverknüpfungen des Hundes mit dem Knall möglich

LERNVERHALTEN
— *so lernen Hunde*

KONDITIONIERUNGSFORMEN

Die wichtigsten Handwerkszeuge in der Hundeausbildung sind die klassische und die operante Konditionierung.

Bei der Ausbildung von Hunden steht der Behaviorismus im Vordergrund. Diese Lerntheorie besagt, dass Lernen stattfindet, wenn Reize aus der Umwelt bestimmte Reaktionen bei einem Individuum hervorrufen. Jede Methode, Ihrem Hund ein erwünschtes Verhalten beizubringen oder ein unerwünschtes Verhalten abzugewöhnen beruht auf den Prinzipien der klassischen und operanten Konditionierung. Grundlegende Kenntnisse über die Konditionierungsformen sind nicht nur notwendig für ein funktionierendes Training, sondern auch wichtig, um die verschiedenen Trainingsansätze, mit denen Sie während der Ausbildung Ihres Hundes konfrontiert werden, einordnen zu können. Bei genauerer Betrachtung werden Sie keinen Trainingsansatz finden, der nur mit einer einzigen Konditionierungsform auskommt. Der Schwerpunkt liegt allerdings häufig entweder auf positiver Verstärkung oder negativer Verstärkung. Aber was bedeuten all diese Begriffe und wie werden sie angewendet? Die folgenden Kapitel geben Ihnen einen groben Überblick über das Thema Konditionierung. Es schadet aber nichts, sich intensiver mit dem Thema auseinanderzusetzen. Wichtig ist allerdings, dass Sie danach all Ihr Wissen über Lerntheorien in Ihrem Unterbewusstsein ablegen und nicht zu theoretisch und verkopft an die Ausbildung und Erziehung Ihres Hundes herangehen. Sowohl der Mensch als auch der Hund sind komplexe und vor allem soziale Lebewesen. Ihr Hund ist kein programmierbarer Roboter und Lernen findet nicht unter Laborbedingungen statt. Legen Sie sich ruhig einen Plan zur Ausbildung zurecht, verlernen Sie dabei aber nicht, intuitiv zu handeln.

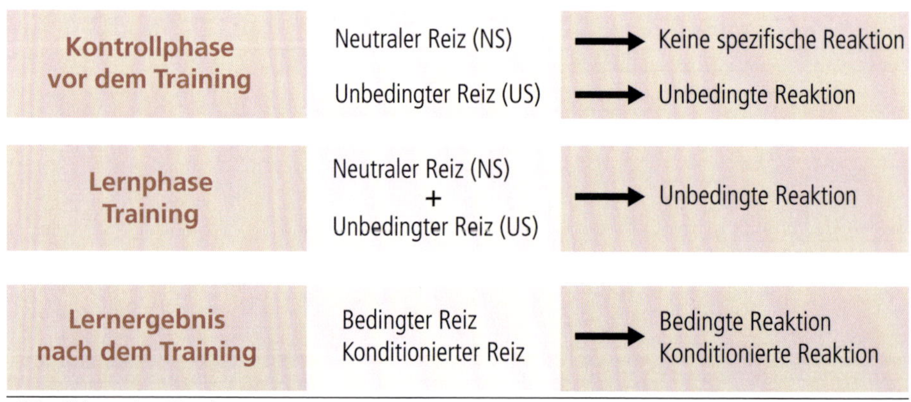

Ablauf klassischer Konditionierung

KLASSISCHE KONDITIONIERUNG

Das bekannteste Beispiel der klassischen Konditionierung ist wahrscheinlich der „Pawlowsche Hund“. Der russische Physiologe Iwan Petrowitsch Pawlow läutete zeitgleich mit der Fütterung der Hunde ein Glöckchen, was nach einigen Wiederholungen dazu führte, dass bereits das alleinige Läuten der Glocke den Speichelfluss bei den Versuchshunden auslöste. Ein unkonditionierter Reiz, in diesem Fall das Futter, löst eine unkonditionierte Reaktion in Form von Speichelfluss bei den Hunden aus. Das Geräusch der Glocke ist zunächst ein neutraler Reiz, wird aber durch die zeitgleiche Gabe mit Futter nach einigen Wiederholungen zu einem konditionierten Reiz, welcher dann auch ohne die unmittelbare Gabe von Futter den Speichelfluss auslöst. Letzterer wird somit von einer unkonditionierten Reaktion zu einer konditionierten Reaktion.

BEISPIEL CLICKERTRAINING

Wenn Sie den Clicker in Ihr Training integrieren möchten, dann müssen Sie zunächst Ihren Hund klassisch auf das Geräusch des Clickers konditionieren. Sie betätigen also den Clicker, das Klicken ertönt und unmittelbar danach erfolgt die Gabe von Futter. Nach einigen Wiederholungen wird Ihr Hund nach dem Klick das Futter bereits erwarten. Der neutrale Reiz des Klickgeräusches wurde zu einem konditionierten Reiz, den Sie nun im Training als Belohnung anwenden können. Neben dem Klick können Sie natürlich auch auf Markersignale, wie ein Schnalzen mit der Zunge, klassisch konditionieren. Aber auch lobende Worte, sofern sie mit der Gabe von Futter zusammenfallen, werden auf diese Art und Weise häufig ganz nebenbei klassisch konditioniert. Sagen Sie also immer „prima“ oder „fein“, wenn Sie Ihrem Hund das Leckerchen geben, dann versteht er das nicht nur als angenehme emotionale Zuwendung, sondern wird dabei auch das Futter im Kopf haben.

Grundlage des Clickertrainings ist die klassische Konditionierung.

KLASSISCHE KONDITIONIERUNG IM ALLTAG

Im Alltag findet sehr häufig klassische Konditionierung statt, ohne dass Sie sich dessen unmittelbar bewusst sind. Die Erwartungshaltung, die nach einem konditionierten Reiz ausgelöst wird, kann dann zu einem bestimmten Verhalten führen. Ein Welpe wird zum Beispiel im neuen Heim auf die Türklingel zunächst nicht besonders intensiv reagieren. Treten nun aber nach dem Ertönen der Klingel wiederholt verzückte Besucher ein, die den jungen Hund überschwänglich begrüßen, wird er bald auf das Klingeln freudig zur Türe rennen. Ziehen Sie sich die Schuhe an und nehmen die Leine in die Hand, steht Ihr Hund wahrscheinlich schon neben Ihnen, da es dann seiner Erfahrung nach auf zum Spaziergang geht. Das Rascheln von Tüten oder das Öffnen der Kühlschranktür reichen ebenso oft schon aus, um bei Hunden eine Erwartungshaltung an Futter hervorzurufen.

KLASSISCHE KONDITIONIERUNG ALS GEGENKONDITIONIERUNG

Angstauslösende Reize können ebenso mithilfe der klassischen Konditionierung umkonditioniert werden. Hat ein Hund zum Beispiel eine Schussangst entwickelt, weil er sich bei einer Schussabgabe aus nächster Nähe extrem erschrocken hat, können Sie durch wiederholte Gabe eines unkonditionierten Reizes, wie einem besonders leckeren Futter oder einem lustbetonten Beutespiel, die Reaktion des Hundes auf den Reiz des Knalls umkonditionieren. Der Knall darf dabei aber zunächst nicht so laut sein, dass sich der Hund immer wieder aufs Neue erschreckt, und muss in seiner Intensität im Training mehrfach angepasst werden.

Konditionierung im Alltag: greift Herrchen zur Leine, geht es hinaus.

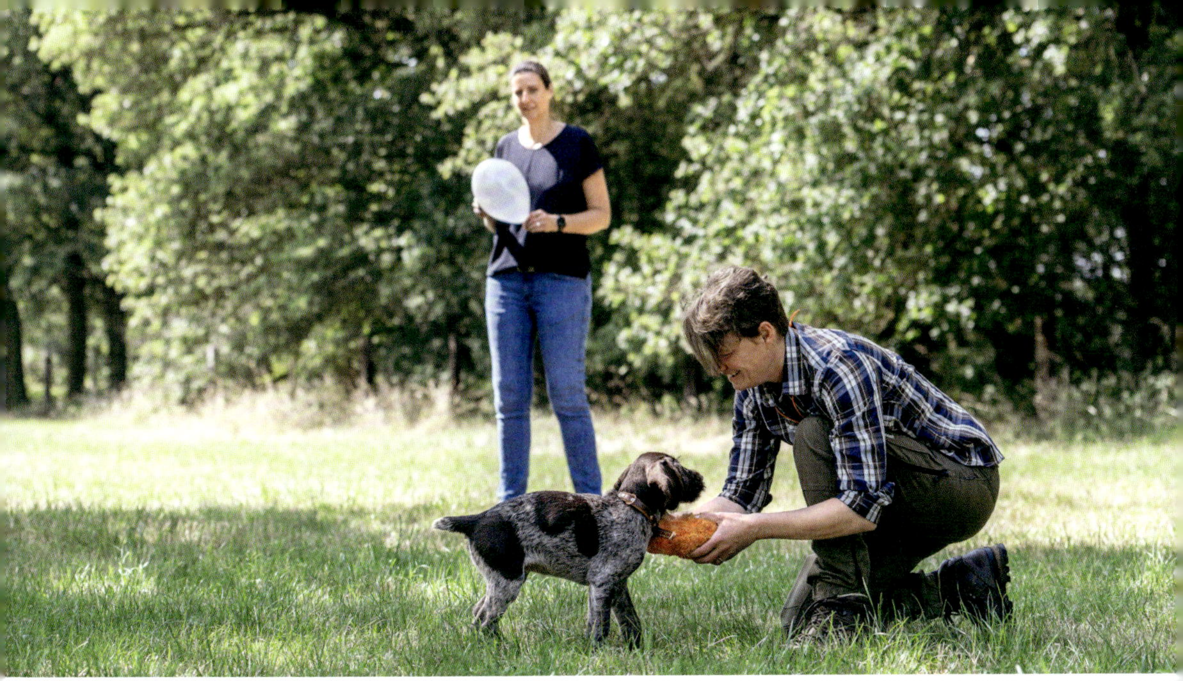

Klassische Konditionierung bei der Gewöhnung an den Knall

OPERANTE KONDITIONIERUNG

Im Rahmen der instrumentellen und operanten Konditionierung wird ein bestimmtes Verhalten entweder häufiger oder weniger häufig gezeigt. Je nachdem, welche Folgen dieses Verhalten hat. Dieses Verhalten wird entweder bewusst vom Hund eingesetzt (instrumentell) oder unbewusst beziehungsweise spontan gezeigt. Der junge Hund hört zum Beispiel zum ersten Mal in seinem Leben die Türglocke und läuft aus Neugierde in die Richtung des Geräuschs. Dort wird er von den Besuchern überschwänglich begrüßt. Nachfolgend wird er auf das Läuten der Glocke häufiger das Verhalten zeigen, zur Tür zu laufen, da er die Folge seines Verhaltens als angenehm empfunden hat. Man unterscheidet hier 4 Konditionierungsformen, deren Begrifflichkeiten zunächst etwas verwirrend sein können. Wichtig ist dabei, diese Begriffe nicht wertend zu verstehen. Wird ein Verhalten häufiger gezeigt, so spricht man von Verstärkung. Wird ein Verhalten weniger häufig gezeigt, dann spricht man von Bestrafung. Nun kommen noch die Begriffe „positiv“ und „negativ“ hinzu. Positiv bedeutet, es wird etwas dargeboten bzw. hinzugefügt. Negativ bedeutet, es wird etwas entzogen. Ob dies etwas Angenehmes oder Unangenehmes für den Hund ist, hängt davon ab, ob Verhalten aufgebaut (verstärkt) oder bestraft (abgebaut) wird.

INFO

Verstärkung = Verhalten aufbauen
Bestrafung = Verhalten abbauen
Positiv = hinzufügen
Negativ = wegnehmen

Positive Verstärkung Angenehmes hinzufügen ↓ Emotion: Freude	**Negative Verstärkung** Unangenehmes wegnehmen ↓ Emotion: Erleichterung
Positive Strafe Unangenehmes hinzufügen ↓ Emotion: Angst, Unsicherheit, Schmerz	**Negative Strafe** Angenehmes wegnehmen ↓ Emotion: Frust, Enttäuschung

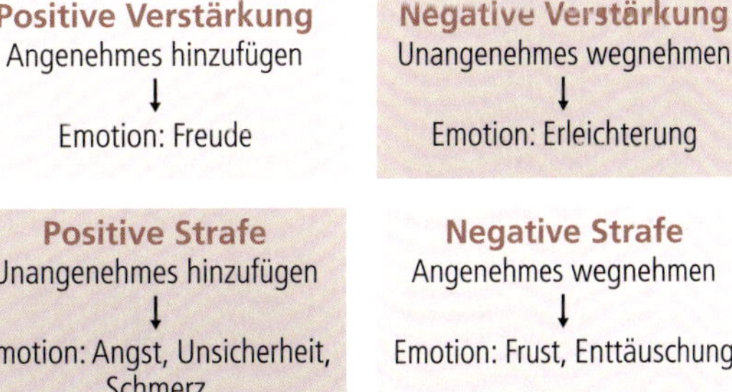

Die Quadranten der operanten Konditionierung

POSITIVE VERSTÄRKUNG

Das Training über Belohnung könnte man, vereinfacht ausgedrückt, als positive Verstärkung bezeichnen. Ihr Hund zeigt ein von Ihnen erwünschtes Verhalten, wird dafür belohnt und wird dieses Verhalten in Zukunft häufiger zeigen. In der Praxis kann das dann so aussehen: Sie locken Ihren Hund mithilfe eines Leckerchens über der Nase in eine sitzende Position und geben ihm, sobald er sitzt, das Futter. Kommt er mit einem Dummy in Ihre Richtung, freuen Sie sich und tauschen, bei Ihnen angekommen, mit Futter. In der modernen Hundeausbildung sollte die positive Verstärkung in der Anlernphase neuer Verhaltensweisen das Mittel der Wahl sein. Hunde, aber auch wir Menschen, lernen auf diese Art schnell und führen die erlernten Tätigkeiten aufgrund der angenehmen Lernerfahrung langfristig gerne aus. Die Herausforderung besteht allerdings darin, das erwünschte Verhalten beim Hund im Training auszulösen und nicht auf einen glücklichen Zufall warten zu müssen. Da eine Verhaltensweise wie das Apportieren allerdings sehr komplex ist, müssen einige Zwischenschritte stattfinden und das Verhalten kleinschrittig geformt werden.

Beispiele aus dem menschlichen Alltag:
Lob vom Arbeitgeber und Gehalt für Ihre Arbeit sind positive Verstärker.
Der Schüler oder die Schülerin bekommt für eine gute Schulnote Bonustaschengeld.

NEGATIVE VERSTÄRKUNG

Der Hund zeigt ein Verhalten häufiger, da ihm etwas entzogen wird. Dazu muss der entfallene Reiz unweigerlich für den Hund etwas Unangenehmes sein. In der Ausgangsposition üben Sie zum Beispiel Druck auf das Hinterteil Ihres Hundes aus. Sobald er sich in die sitzende Position begibt, entfällt dieser Druck. Er lernt somit, bei anfänglichem Druck zu sitzen. Im Apportiertraining wird Ihnen der Begriff Zwangsapport begegnen, welcher im Grunde genommen nichts anderes ist als das Training über ne-

Lob und Futter als positive Verstärkung bei erwünschtem Verhalten

Positive Strafe durch Schubsen oder Rempeln

gative Verstärkung. Ausgangslage ist eine für den Hund unangenehme Situation, die aufhört, sobald er das Apportel im Fang hält. Hierbei üben Sie zum Beispiel einen leichten Druck auf die Lefzen auf, öffnen das Maul und stecken den Dummy in den Fang. Sobald dieser im Fang ist, lässt der Druck nach und der Hund wird das Halten des Apportels im Fang bald von sich aus anbieten, um dem Druck zu entgehen. Die größte Herausforderung ist dabei die angemessene Kalkulation des unangenehmen Reizes. Ist der Reiz zu stark, wird Ihr Hund mental blockieren und nicht mehr in der Lage sein, in der Situation die richtige Verknüpfung herzustellen. Außerdem wird der unangenehme Reiz immer mit Ihnen und der Lernsituation verbunden. Der Hund wird geneigt sein, dass Verhalten zu meiden, sobald er feststellt, dass er sich der Situation entziehen kann und Sie keinen unmittelbaren Einfluss auf ihn haben.

Beispiel aus dem menschlichen Alltag: In vielen Fahrzeugen ertönt mittlerweile ein extrem unangenehmer Piepton, welcher sich steigert, sofern Sie sich nicht anschnallen. Sobald Sie sich aber angeschnallt haben, hört dieser Ton auf. In Zukunft werden Sie sich wahrscheinlich direkt anschnallen.

POSITIVE BESTRAFUNG

Zeigt Ihr Hund eine unerwünschte Verhaltensweise und Sie fügen im richtigen Moment einen unangenehmen Reiz hinzu, wird Ihr Hund dieses Verhalten zunächst unterlassen. Positive Bestrafung ist das, was wir meist ganz klassisch unter „Strafe“ verstehen. Die große Kunst besteht neben dem richtigen Timing darin, einen der Situation und dem individuellen Empfinden des Hundes angemessenen Strafreiz zu wählen. Damit Strafe funktioniert, muss der Strafreiz stark genug sein, damit das Individuum das jeweilige Verhalten unmittelbar unterlässt. Einen zu geringen Strafreiz nimmt der Hund im ungünstigsten Fall als eine Form von Aufmerksamkeit war, die das Verhalten sogar verstärken kann. Positive Bestrafung kann zur Absicherung bereits erlernter Kommandos durchaus sinnvoll sein. Wenn ein Hund ein erwünschtes Verhalten unter den gegebenen Umständen sicher beherrscht und er bewusst ein anderes unerwünschtes Verhalten zeigt, besteht die Möglichkeit, dies über Strafe zu unterbinden. Als Alternativverhalten bekommt der Hund dann die Möglichkeit, das erwünschte Verhalten zu zeigen, für das er wiederum belohnt werden kann. Wichtig ist dabei die korrekte Einschätzung, aus welchen Gründen der

Der Hund springt am Mensch hoch, weil er Aufmerksamkeit möchte.

Hund tatsächlich nicht das erwünschte Verhalten zeigt. Eine unangemessene Strafe führt im schlechtesten Fall dazu, dass der Vierläufer generell in seinem Verhalten gehemmt wird und in der Lernsituation blockiert. Abgesehen davon kann Strafe, die vom Hund nicht im Kontext verstanden und eingeordnet werden kann, nachhaltig zu einem Vertrauensverlust zum Ausbilder oder der Ausbilderin führen. Vor allem, wenn als Auslöser des unangenehmen Reizes ganz klar der Mensch eingeordnet werden kann.

Beispiel aus dem menschlichen Alltag:
Sie werden mit überhöhter Geschwindigkeit aus dem Verkehr gewunken und müssen den Führerschein abgeben.
Sie werden von jemandem unsittlich angefasst und geben dieser Person eine ordentliche Backpfeife.

NEGATIVE BESTRAFUNG

Sie möchten bei Ihrem Hund ein unerwünschtes Verhalten unterbrechen, indem Sie ihm etwas Angenehmes entziehen. Das können Sie zum Beispiel erreichen, wenn Ihr Welpe Ihnen schmerzhaft mit seinen Welpenzähnen auf der Hand herumkaut, indem Sie aufstehen und gehen. Sie entziehen dem Hund in diesem Moment den angenehmen Sozialkontakt. Kaut und rupft Ihr Hund auf dem Apportel herum, dann nehmen Sie ihm die Beute kommentarlos ab. Die negative Bestrafung ist eine sehr elegante und konfliktvermeidende Möglichkeit, unerwünschtes Verhalten souverän zu unterbrechen. Ob das langfristig und dauerhaft reicht, um das Auftreten des unerwünschten Verhaltens zu unterbinden, hängt allerdings stark davon ab, wie selbstbelohnend dieses Verhalten ist und ob Sie

Abwenden und gehen entzieht dem Hund den erwünschten Sozialkontakt.

dem Hund die Möglichkeit geben, ein erwünschtes Alternativverhalten anzubieten, und Sie dieses konsequent einfordern und auch belohnen. Das Ausbleiben einer Belohnung ist ebenso negative Bestrafung und wird bei der Formung erwünschten Verhaltens über positive Verstärkung notwendigerweise auch immer mit angewandt. Das zuvor erwünschte Verhalten wird nicht mehr belohnt, daraus entsteht Frust und der Hund versucht, ein anderes ähnliches Verhalten anzubieten. Kommt dies in der Ausführung dem neuen Wunschverhalten näher, wird wieder belohnt, also positiv verstärkt.

Beispiel aus dem menschlichen Alltag:
Das Schulkind hat die Hausaufgaben nicht gemacht und darf an diesem Tag nicht Computer spielen.
Statt zu essen, matscht das Kind im Essen herum und spielt mit den Nahrungsmitteln. Daraufhin nehmen Sie ihm den Teller weg.

DIE VERKNÜPFUNG UND TIMING

Im Hundetraining ist es besonders wichtig, dass Ihr Hund seine Verhaltensweise eindeutig mit dem Reiz verknüpfen kann, der ihm zugefügt wird. Nur so begreift er den Kontext und kann dementsprechend lernen. Die Folge auf ein Verhalten muss innerhalb weniger Sekunden spürbar sein. Wir Menschen sind kognitiv in der Lage zu verstehen, dass der Führerscheinentzug Folge eines Verhaltens ist, welches bereits Wochen oder Monate zurückliegt.
Einen Hund, der alleine zu Hause das Sofa demoliert hat, können Sie Stunden später für dieses Verhalten nicht mehr bestrafen. Nun müssen Sie aber nicht innerhalb von zwei Sekunden den Keks im Hund haben

oder sich permanent in zwei Meter Entfernung zu Ihrem Vierläufer aufhalten, wenn Sie ihn vom Buddeln im Blumenbeet abhalten wollen. Langfristig greift hier das Prinzip der primären und sekundären Reize. Primäre Reize wirken automatisch auf den Hund angenehm oder unangenehm, wie Schmerz, Schreck, Futter oder ein Beutespiel. Sekundäre Reize werden durch die vorherige Gabe der primären Reize erlernt. Hier begegnet uns wieder die klassische Konditionierung. Ein Lobwort vor der Futtergabe oder ein „Nein" vor dem Rempler reichen dann im richtigen Zeitpunkt bereits aus, um verstärkend oder bestrafend zu wirken.

DAS ZUSAMMENSPIEL ALLER KONDITIONIERUNGSFORMEN

In einer Trainingssituation werden Sie sich mit Sicherheit einen Schwerpunkt setzen, aber am Ende wahrscheinlich sämtliche Formen der operanten Konditionierung bewusst oder unbewusst anwenden. Nehmen wir mal an, Sie möchten Ihrem Hund das Sitzenbleiben beibringen.

Ein in der Vergangenheit gezeigtes Verhalten kann nicht mehr verstärkt oder bestraft werden.

Das Timing muss passen – hier ist es fast schon zu spät!

1. Sie geben das Handzeichen für „Sitz“, er setzt sich und Sie loben = positive Verstärkung.
2. Sie entfernen sich, Ihr Hund steht auf. Sie sagen „Nein“ und blockieren ihn körpersprachlich = positive Bestrafung.
3. Sie nehmen die Schleppleine auf und ziehen ihn zur Ausgangsposition zurück und halten ihn dort fest, bis er sich wieder setzt = negative Bestrafung, indem Sie das unerwünschte Verhalten des Aufstehens mit Wegnahme der Freiheit herumzulaufen beantworten, und = negative Verstärkung, da der unangenehme Zug auf der Leine und die körperliche Blockade anhält, bis der Hund wünschenswerter Weise wieder sitzt.
4. Sie entfernen sich erneut, aber nicht so weit, kehren zum Hund zurück, bevor er von sich aus aufsteht, und Sie loben und belohnen = positive Verstärkung.

Wenn Sie sich darüber bewusst sind und ein gutes Timing entwickeln, um auf das Verhalten Ihres Hundes unmittelbar mit den richtigen Reizen zu antworten, dann perfektionieren Sie die Effizienz Ihres Trainings. Andererseits können Sie aber auch durch schlechtes Timing die falschen Signale geben. Stellen Sie sich vor, Ihr Hund hat das Apportel aufgenommen, lässt sich unterwegs ablenken und läuft in Richtung des Ablenkungsreizes. In dem Moment könnten Sie das unerwünschte Verhalten (mit dem Dummy nicht in Ihre Richtung kommen) durch positive Bestrafung unterbinden, indem Sie „Nein“ rufen. Ihr Hund reagiert nun darauf und wendet sich Ihnen wieder zu. Dieses erwünschte Verhalten sollten Sie nun über positive Verstärkung fördern, also loben. Stattdessen bleiben allerdings viele Hundeführerinnen und Hundeführer im Korrekturmodus und „schimpfen den Hund zu sich“. Der Hund kommt im besten Fall noch heran, aber sichtbar verlangsamt und irritiert. Im schlechtesten Fall wendet er sich wieder ab oder lässt den Dummy sogar fallen.

INFO

Gutes Timing ermöglicht effizientes Training und verhindert Kommunikationsmissverständnisse.

LERNEN ALS GANZHEITLICHER PROZESS

Konditionierung, Erziehung und Beziehung sind im Zusammenhang der Ausbildung eines Hundes und Familienmitglieds untrennbar miteinander verstrickt.

Körpersprachliche Korrekturen können stark auf den Hund wirken.

Welche Reize auf ein Individuum angenehm oder unangenehm wirken und vor allem in welcher Intensität sie dargereicht werden müssen um zu wirken, kann sehr unterschiedlich sein. Wenn Sie hauptsächlich über Belohnung arbeiten möchten, dann muss Ihnen klar sein, dass sich ein satter Hund, der zweimal am Tag gut gefüttert wird, über Futter nur bedingt belohnen lässt. Auch lobende Worte und Sozialkontakt nimmt der Hund im Training natürlich gerne entgegen. Verbringt Ihr Hund aber eh den ganzen Tag mit Ihnen und genießt Ihre Aufmerksamkeit, ist die Wirkung weniger intensiv. Sie müssen also durchaus aktiv bei Ihrem Hund Bedürfnisse schaffen, mit deren Befriedigung Sie ihn tatsächlich belohnen können. Sie könnten also darauf achten, den Hund hauptsächlich im Rahmen des Trainings zu füttern. Weiterhin könnten Sie dem Hund insbesondere im Rahmen des Trainings Ihre Aufmerksamkeit schenken. Unangenehme Reize müssen mit mehr Bedacht an das Individuum angepasst werden. Es gibt wie bei uns Menschen auch sensiblere und weniger sensible Persönlichkeiten. Manche Hunde reagieren grundsätzlich sehr fein auf Körpersprache und Mimik. Auch auf körperliche Maßregelungen und taktile Reize können manche Hunde schnell empfindlich reagieren. Andere sind dagegen eher hart im Nehmen und empfinden erst intensivere Reize als unangenehm. Eines sollten Sie aber immer bedenken: mit Belohnung können Sie weniger nachhaltig falsch machen als mit Bestrafung. Ein zu intensiver aversiver Reiz, noch dazu im falschen Moment, kann das Vertrauen des Hundes in seine Bezugsperson dauerhaft zerstören. Zusätzlich besteht die Gefahr, dass der Hund langfristig Meideverhalten bei allen Verhaltensweisen und Umweltbedingungen zeigt, die im Moment des unangenehmen Reizes vorhanden waren.

Im Gruppentraining lassen sich viele Ablenkungsreize gezielt trainieren.

SELBSTBELOHNENDES VERHALTEN UND ABLENKUNGSREIZE

Nicht nur Sie als Trainer setzen Reize als Antwort auf das Verhalten des Hundes. Die ganze Außenwelt ist voll von angenehmen und unangenehmen Folgen in Form diverser Ablenkungsreize. Diese müssen Sie beim Training einkalkulieren und gezielt vermeiden und je nach Trainingsstand bewusst einbringen. Möchten Sie zum Beispiel innerhalb einer Hundegruppe das Bleiben trainieren, sollten Sie den jungen Hund über die Leine sichern. Abgelenkt durch einen Schulkollegen könnte er Ihr Kommando auflösen, dorthin laufen und ein Rennspiel beginnen. Das Nicht-Befolgen des Bleibens würde also belohnt. Wenn Sie nun strafen, dann bestrafen Sie das Spiel der Hunde und nicht das unerlaubte Auflösen des Bleibens. Sie müssen also in der Lage sein, viel schneller auf das Auflösen zu reagieren, und das schaffen Sie im frühen Stadium des Trainings am besten über die Leine, mit der Sie das unerwünschte Verhalten unterbrechen und das selbstbelohnende Verhalten somit erst gar nicht aufkommen lassen.

Das Hetzen von Wild ist selbstbelohnend.

BEZIEHUNG IST WICHTIG

Sowohl Hunde als auch Menschen sind soziale Lebewesen und haben ähnliche Anforderungen an ihre soziale Umwelt. Aufgrund dieser Tatsache ist durchaus anzunehmen, dass unsere Hunde zu ihren menschlichen Familienmitgliedern ähnlich strukturierte Beziehungen eingehen, wie zu anderen Hunden innerhalb eines Rudels. Jeder, der mit einem oder mehreren Hunden zusammenlebt, wird nicht abstreiten können, dass die Beziehung zueinander eine hohe soziale Qualität hat.

Der Hund ist allerdings kein Mensch, der Mensch auch kein Hund. Kenntnisse über Verhalten, Körpersprache und Kommunikation von Hunden können jedoch helfen, uns in unsere vierläufigen Familienmitglieder hineinzuversetzen. Wir können versuchen zu verstehen, wie wir in den Augen unserer Hunde wahrgenommen werden und unser Verhalten dem Hund gegenüber dementsprechend anpassen. Der Begriff des Rudelführers im Zusammenhang mit Hundeausbildung ist zunehmend aus der Mode gekommen. Zum einen aufgrund der Verneinung, Hund und Mensch gehörten einem Rudel an, vor allem aber, da dieser Begriff eine stark hierarchisch geprägte Vorstellung hervorruft. In unserem „gemischtartigen“ Familienverbund gibt es allerdings dennoch soziale Regeln. Und wenn Sie als Mensch diese Regeln definieren, die Bedürfnisse aller Familienmitglieder achten, Verantwortung übernehmen und in Ihrem Handeln konsequent und geradlinig sind, erfüllen Sie alle Voraussetzungen für eine souveräne Führungsperson. Im Verhältnis zu Ihrem Hund setzt das allerdings voraus, dass Sie in der Lage sind, dessen Verhal-

01

ten, Körpersprache, Kommunikation sowie seine Grundbedürfnisse zu verstehen und richtig zu interpretieren. Wenn Sie Ihre Handlungen und Ihr Verhalten danach ausrichten, werden Sie auch von Ihrem Hund als souveräne Leitperson wahrgenommen. Als diese hat Ihr Wort Bestand, die Aktivitäten, die Sie initiieren, werden gerne angenommen und Ihre Kommandos nicht hinterfragt, sondern als sinnvoll erachtet. Wir Menschen ticken da nicht anders als unsere Hunde. Denken Sie ruhig einmal darüber nach, welchen Führungspersönlichkeiten wie Lehrern, Ausbildern oder Gruppenleitern Sie in Ihrem Leben begegnet sind und wie deren Führungsstile auf Sie gewirkt haben. Wenn Sie eine Person nicht ernst nehmen oder sie für inkompetent halten, werden Sie im Zweifelsfall Ihre eigenen Entscheidungen treffen. Baut der Führungsstil auf Sanktionen und Drohungen auf, nutzen Sie jede Chance, um sich zu entziehen. Ist eine Person aber in Ihren Augen kompetent, fair und hat Verständnis für Ihre Bedürfnisse, werden Sie gerne deren Rat annehmen. Das gilt auch für Kritik und Korrekturen.

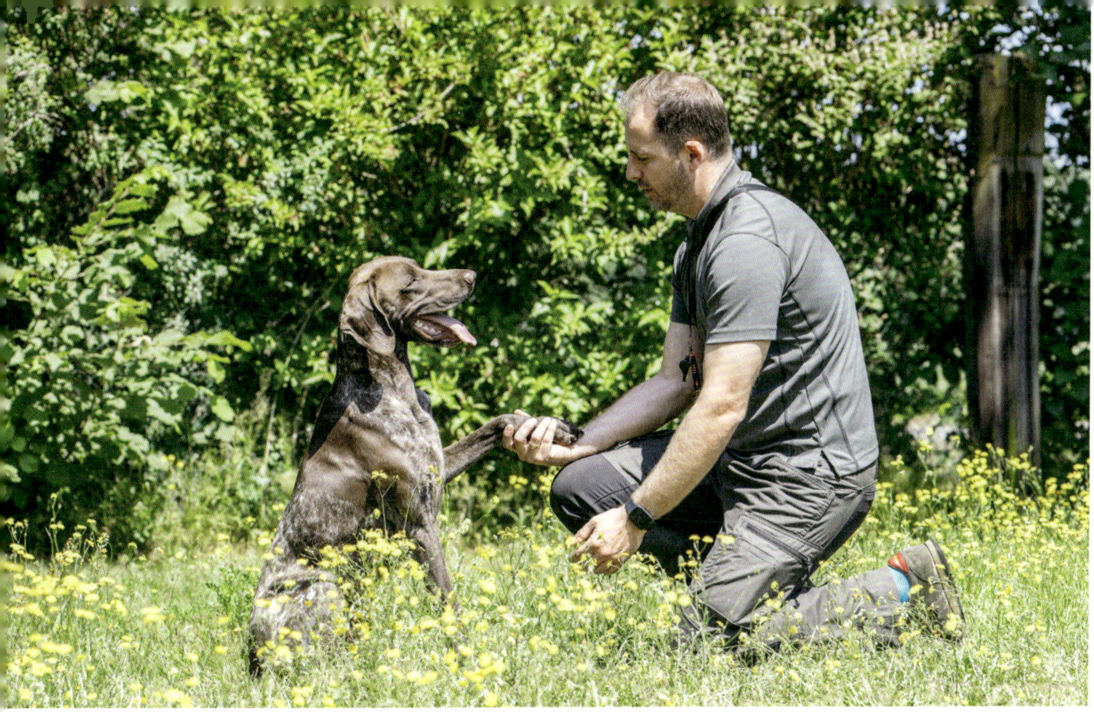

02

03

04

01 *Im Rudel aus Mensch und Hunden sollte die Stimmung stimmen.*

02 *Eine vertrauensvolle Beziehung ist Grundlage für erfolgreiches Training.*

03 *Jagdhunde sind heute in der Regel auch Familienhunde.*

04 *Stimmt die Beziehung zwischen Hund und Mensch, arbeitet der Vierläufer besonders zuverlässig.*

Die Bindung zwischen Hund und Mensch ist die Basis für gemeinsame Jagderfolge.

ERZIEHUNG UND AUSBILDUNG GEHÖREN ZUSAMMEN

Die Erziehung und Ausbildung unserer Vierbeiner gehen fließend ineinander über. Lernt Ihr Hund im Alltag, häusliche Regeln zu akzeptieren, da Sie sie fair und konsequent durchsetzen, und übernehmen Sie als Mensch Verantwortung und treffen wichtige Entscheidungen, wird er auch in Ausbildungssituationen Ihre Lernangebote offen und gerne annehmen. Befinden Sie sich im Training und möchten Ihrem Hund neue Verhaltensweisen über operante Konditionierung, also Reiz-Reaktion-Assoziationen, beibringen, dann bestehen keine Laborbedingungen. In der Regel sind Sie es, der für das Hinzufügen und Entfernen bestimmter angenehmer oder unangenehmer Reize verantwortlich ist. Ihr Hund verknüpft all diese Faktoren unweigerlich während der Trainingssituationen miteinander. Sind Sie als Hundehalter vornehmlich für das Hinzufügen angenehmer Reize verantwortlich, dann schaffen Sie jedoch im Gegenteil ein gutes und motivierendes Lernklima. So wird sich Ihnen Ihr Hund im Training gerne zuwenden. Sorgen Sie für unangenehme Reize, wird Ihr Hund auch das mit dem gemeinsamen Training verbinden und sich bei einem übermäßig schlechten Lernklima lieber entziehen wollen oder blockieren. Alles Erlernte wird unter Umständen auch langfristig mit den Emotionen, die während des Trainings vorherrschten, verbunden sein. Diese Zusammenhänge haben dann entscheidende Auswirkungen darauf, ob Ihr Hund ein Kommando auch dann noch ausführt, wenn Sie keinen unmittelbaren Einfluss mehr auf ihn haben. Bleiben Sie daher immer fair und setzen Sie Korrekturen – wenn nötig – immer wohldosiert und nur im richtigen Moment ein.

Auch abspringendes Rehwild sollte den Hund nicht verleiten.

DIE MISCHUNG MACHT ES

Im Leben sowie in der Hundeausbildung gibt es allerdings nicht nur schwarz oder weiß. Es kommt auf eine gesunde Mischung an. Eine von Ihnen geforderte Aufgabe kann dem Hund noch so viel Freude bereiten. Gerade in der jagdlichen Praxis wird ein Hund mit Situationen konfrontiert, in denen er durch Ungehorsam mehr Spaß haben kann, indem er zum Beispiel einem Hasen hinterherläuft, statt die erlegte Krähe zu apportieren. Hier greifen der souveräne Führungsstil im Alltag und ein kleinschrittiges, gut aufgebautes Training ineinander. In der Anlernphase sollte sich der Hund dem Training nicht entziehen können, noch besser, nicht entziehen wollen. Je stärker sich die Eigenmotivation des Hundes entwickelt, Ihre Kommandos auszuführen, desto weniger Druck, Zwang oder Korrekturen sind in der Ausbildung notwendig.

TIPP

Je mehr Eigenmotivation Sie beim Hund erzeugen können, desto weniger Zwang brauchen Sie anzuwenden.

HILFSMITTEL — *hilfreich, nützlich oder überflüssig?*

OBLIGATORISCH ODER NETTES ACCESSOIRE?

In der Apportierausbildung können diverse Hilfsmittel zum Einsatz kommen, die grundsätzlich bei jeglichem Training mit dem Hund Verwendung finden.

Es gibt aber auch Hilfsmittel, die speziell in der Apportierausbildung eingesetzt werden oder denen während dieser Ausbildung eine besondere Bedeutung zukommt. Welches dieser Rüstzeuge wann und auf welche Weise eingesetzt wird, hängt mitunter auch von Ihrer Wahl der Ausbildungsmethode ab. Grundsätzlich sollen Sie, wie der Name schon sagt, sinnvolle Hilfen bei der Ausbildung geben. Der Aufwand, eines dieser Mittel einzusetzen, muss immer im Verhältnis zu seinem Nutzen bewertet werden. Dabei ist es individuell je nach Mensch-Hund-Team ganz unterschiedlich, was Sie selbst als aufwändig empfinden und ob Sie bei bestimmten Ausbildungsschritten darauf zurückgreifen sollten. Im Folgenden erhalten Sie einen Überblick über die gängigsten Hilfsmittel, um deren Einsatzbereiche einordnen zu können.

TIPP
Gehen Sie nicht mit einem satten Hund ins Training.

Der Hund kann ausschließlich über Belohnungen beim Training gefüttert werden.

Für besondere Tätigkeiten kann der Hund mit ebenso besonderen Leckerchen belohnt werden.

Die Mahlzeit als Jackpot hier aus dem Futterbeutel

FUTTER

Futter spielt als Belohnung in den verschiedenen Darreichungsformen bei fast jeder Ausbildungsmethode eine Rolle. Natürlich können Sie Ihren Hund auch ohne die Gabe von Futter oder Leckerchen trainieren, Sie machen es sich allerdings unnötig schwer. Bedenken Sie, dass Sie in der Anlernphase viele Wiederholungen brauchen, damit der Hund begreift, worum es geht. Jede Wiederholung braucht einen kleinen Anreiz, der Ihren Hund allerdings nicht mental aus der Lernsituation herausbringen sollte. Damit Ihr Hund Futter als Belohnung wahrnimmt, muss er natürlich ein gewisses Bedürfnis danach haben. Nun gibt es grundsätzlich verfressene Vierbeiner, die jederzeit fur einen Brocken Trockenfutter zu haben sind. Andere wiederum brauchen anspruchsvollere kulinarische Anreize. Das wären dann die klassischen Leckerchen. Mengenmäßig ist da allerdings schnell ein Maximum erreicht. Ein satter Hund lässt sich logischerweise weniger gut über Futter belohnen als ein hungriger Hund. Es ist also sinnvoll, Ihren Hund vor der Trainingseinheit nicht unmittelbar zu füttern. Sie können sogar noch einen Schritt weiter gehen und Ihren Hund komplett über das Training füttern.

FÜTTERUNG AUSSCHLIESSLICH ÜBER DAS TRAINING

Auch wenn Sie mit einem hungrigen Hund vor den Mahlzeiten trainieren, wird ihm absolut klar sein, dass er traditionell daheim seinen gefüllten Futternapf vorfinden wird. Alles, was Sie ihm außerhalb dieser bedingungslosen Mahlzeiten anbieten, ist ein nettes Zubrot, auf das er aber im Zweifelsfall, zum Beispiel bei Interessenskonflikten, verzichten kann. Die Wertigkeit des Futters als Belohnung lässt sich dementsprechend steigern, wenn Sie im Rahmen eines Jackpotprinzips die Hauptfütterung direkt mit der erwünschten Verhaltensweise im Training verknüpfen. Dabei lassen Sie Ihren Hund allerdings nie über einen längeren Zeitraum hungern, sondern bieten regelmäßig eine oder mehrere Trainingsgelegenheiten am Tag an, an denen sich Ihr Hund sein Futter durch kooperative Tätigkeit erarbeiten kann. Dabei spielt es keine Rolle, ob Sie eine oder mehrere Übungen machen. Für Zwischenübungen gibt es kleine Mengen des Hauptfutters und für die letzte Übung die

Mahlzeit als Jackpot. Der gewünschte Effekt stellt sich allerdings nur ein, wenn Sie diese Art der Fütterung konsequent einhalten. Das heißt, immer und täglich, bis Ihr Hund den gewünschten Trainingsstand erreicht hat. Wir reden hier also über einen Zeitraum von mehreren Monaten.
Wenn Sie auf diese Art der Fütterung umsteigen, wird sich der Effekt tatsächlich auch erst nach einigen Tagen oder Wochen einstellen. Nämlich dann, wenn Ihr Hund nicht mehr erwartet, zu Hause einen Futternapf hingestellt zu bekommen. Es bringt also überhaupt nichts, einen Hund, der grundsätzlich bedingungslos aus dem Napf gefüttert wird, vor einer Prüfung oder einem bestimmten Training zwei Tage lang hungern zu lassen, um als Anreiz mit dem Futter zu winken. Der Hund ist dann mit Sicherheit einfach nur unterzuckert und kann sich vor Hunger kaum konzentrieren. Das Prinzip „Futter für Arbeit" ist eine langfristige Vereinbarung und kein punktuelles Motivationsmittel für Kurzentschlossene. Probleme gibt es manchmal bei Hunden, die grundsätzlich bereits eine hohe Nervosität bei der Arbeit zeigen. Hier kann die Erwartung an die Fütterung noch verstärkend wirken. In solchen Fällen können Mischvarianten der Fütterung verwendet werden. Zum Beispiel werden 60 Prozent des Futters über den Tag verteilt beim Training gegeben, 40 Prozent bekommt der Vierläufer abends bedingungslos im Napf. Füttern Sie die Hauptmahlzeit hauptsächlich über den Apport, dann hat dies auch den Effekt, dass die Tätigkeit an sich extrem wichtig für den Hund wird.

TIPP

Das Prinzip „Futter für Training" erhöht nicht nur situativ die Motivation, sondern bewirkt langfristig eine hohe Wertigkeit der Tätigkeit an sich.

DIE LEINE

Eine Leine wirkt auf den Hund zunächst begrenzend im Rahmen ihrer Länge. Das ist vorteilhaft, wenn sich der Hund einer Trainingssituation entziehen möchte. Hat er diese Begrenzung als solche erfahren und akzeptiert, wird er innerhalb dieses Radius zunehmend zugänglicher für Angebote. Denn sobald er den begrenzten Bereich abgearbeitet hat, stellt sich Langeweile ein, die Sie nun durch Aktivitäten beenden können. Dies gilt natürlich am eindeutigsten, wenn Sie mit der Leine an Ort und Stelle verweilen.

Hund und Mensch haben in dieser Situation gegensätzliche Interessen.

WECHSELLAUF AN 5 METER LEINE

Zeigt Ihr Hund in einer Trainingssituation wenig Kooperationsbereitschaft und ignoriert Ihre Angebote, obwohl die Reizlage durchaus adäquat ist, dann kann ein Wechsellauf an der Leine helfen, wieder in das Bewusstsein Ihres Hundes einzudringen. Dabei nehmen Sie das Ende der Leine auf 5 Meter Länge in die Hand und gehen nun

Zügige Richtungswechsel durch den Hundeführer sorgen für Orientierung beim Hund.

zügigen Schrittes mit stetigen Richtungswechseln kreuz und quer über das Trainingsgelände. Dabei halten Sie Ihren Hund immer hinter sich, wechseln also spätestens die Richtung, wenn er im Begriff ist, Sie zu überholen und reagieren konträr zum Hund. Biegt er nach links ab, gehen Sie nach rechts und umgekehrt. Ist die Leine zu Ende, gehen Sie unbeirrt weiter und nehmen Ihren Hund kommentarlos mit. Irgendwann wird der Zeitpunkt kommen, an dem er auf Ihre Körpersprache achtet und die von Ihnen vorgegebenen Richtungswechsel annimmt. Jetzt haben Sie wieder seine Aufmerksamkeit und können dieses Verhalten bestätigen, indem Sie ihm ein Übungsangebot machen, indem Sie zum Beispiel den Dummy zum Apport werfen.

01

IMPULSE ÜBER DIE LEINE SETZEN

Innerhalb des Apportiertrainings gibt es verschiedene Situationen, in denen der Hund den Dummy nicht bringt. Das kann verschiedene Ursachen haben, deren Auswirkungen allerdings durch Begrenzung und Einsatz der langen Leine vermieden werden können. Beginnen Sie mit dem jungen Hund das Training über die Bringfreude, wird er möglicherweise auf lockenden Zuruf kommen. Genauso gut ist es aber möglich, dass Ihr Hund sich den Apportiergegenstand schnappt und damit ein paar fröhliche Ehrenrunden dreht. Würden Sie nun hinter ihm herlaufen, setzen Sie das absolut falsche Zeichen.

So wird Ihr Hund keinerlei Anreiz sehen, Ihnen etwas zu bringen, sondern jedes Mal mit der Beute vor Ihnen weglaufen und ein lustiges Rennspiel initiieren. Mit der langen Leine können Sie dagegen Ihren Hund am Weglaufen hindern und ihn zusätzlich zu sich heranangeln. Dabei laufen Sie lockend rückwärts von ihm weg und holen dabei gefühlvoll die Leine wie eine Angel inklusive Hund zu sich heran. So führen Sie die Verhaltensweise herbei, die Sie dann bestätigen können. Wird Ihr Hund vielleicht zu Beginn noch eher unbewusst bei Ihnen ankommen, wird er über die Wiederholungen zu der Erkenntnis kommen, dass Weglaufen mit dem Dummy keine Option ist und das Bringen des Dummys eine Belohnung verspricht. Sobald ein neuer, andersartiger Apportiergegenstand im Apportiertraining eingeführt wird, ist es ratsam, Ihren Hund an die lange Leine zu nehmen, um unerwünschtes Verhalten zu unterbinden. Auch ein zögerliches Aufnehmen oder Kauen und Rupfen am Dummy können Sie durch leichten Zug an der Leine schnell unterbinden.

02

TIPP

Apportiertraining im Zweifel und bei neuen Trainingsschritten immer über die Leine absichern.

03

04

01 Einholen der Schleppleine ohne Zug inklusive rückwärtslaufen

02 Mögliche Korrektur über deie Leine bei unerwünschtem Verhalten

03 Lockeres Ablaufen-lassen der Schleppleine, ermöglicht direkten Zugriff.

04 Vor dem Training sollte die lange Leine sortiert sein.

Der Clicker kann zielgerichtet ein sehr gutes Hilfsmittel sein.

DER CLICKER

Der Clicker, eine Art Knackfrosch, verursacht ein Clickgeräusch, auf das Sie Ihren Hund klassisch konditionieren. Nach jedem Click folgt ein Stück Futter und so entwickelt sich schnell eine Erwartungshaltung beim Hund. Im Rahmen des Clickertrainings können Sie Ihren Hund sehr genau über das Clickgeräusch für erwünschtes Verhalten bestätigen. Komplexes Verhalten, wie zum Beispiel das Aufnehmen und Halten eines Apportiergegenstandes, kann auf diese Art hervorragend ausgeformt werden. Beim Clickertraining wird nach dem Free-Shaping Prinzip (freies Formen) gearbeitet. Die Methode gleicht ein wenig dem Topfschlagen, bei dem die Person mit den Hinweisen „warm und kalt" (Click – kein Click) in die richtige Richtung dirigiert werden kann. Sie können den Clicker am sinnvollsten in regelrechten „Clickersessions" einsetzen. Es ist also nicht unbedingt ein Hilfsmittel für den Alltag und unterwegs, sondern für gezielte Trainingseinheiten, in denen der Hund ordentlich nachdenken muss. Das Free-Shaping ist kognitiv sehr anstrengend und kann manche Hunde sehr aufdrehen. Das Training sollte daher nicht länger als 5 bis 15 Minuten andauern. Im Kapitel „Methoden" wird das Clickertraining noch im Detail erläutert.

INFO

Keine Angst vor dem Clicker! Er ist kein dauerhaftes Instrument, sondern kann hervorragend punktuell in einzelnen Trainingssituationen eingesetzt werden!

DER TISCH

Der Tisch ist eine gute Möglichkeit, in Kombination mit dem Clickertraining einen konzentrierten und reizarmen Raum zum Lernen zu schaffen. Solcherlei Tische sind unter anderem auch Bestandteil von Agilityparcouren. Ihre Fläche beträgt ungefähr 90 x 90 Zentimeter und sie sind höhenverstellbar zwischen 20 und 60 Zentimetern. Auf dieser Fläche hat der Hund genug Platz, um Verhaltensweisen anzubieten, und wird nicht durch einen geruchsintensiven Untergrund abgelenkt, wenn er seine Belohnung oder das Apportel vom Boden aufnehmen soll. Sie selbst haben die Möglichkeit, sich beim Training bequem auf einen Stuhl vor den Tisch zu setzen, und müssen sich nicht bücken.

DAS PLACEBOARD

Das Placeboard ist eine Art kleines Podest. Vielleicht haben Sie auch schon Bilder von auf Eimern sitzenden Hunden gesehen. Das ist im Grunde genommen die Steigerungsform des Placeboards, denn hier muss sich der Hund noch stärker darauf konzentrieren, von dort nicht herunterzurutschen. Das Placeboardtraining ist eigentlich schon lange aus der Tierdressur bekannt. Wahrscheinlich kennt jeder die Bilder von auf Podesten sitzenden Löwen, Tigern oder Seehunden. Haben die Tiere gelernt, diesen Platz einzunehmen und dort zu warten, sind sie in der Trainingssituation konzentriert und fokussiert. In der Regel können Sie das Erklimmen des Placeboards und das immer längere Verweilen sehr gut mit Futter bestätigen. Auf dem Placeboard kann dann zum Beispiel das Aufnehmen, ruhige Halten und saubere Abgeben des Dummys geübt werden. Im weiteren Verlauf des Trainings ist das Placeboard Ausgangspunkt und Zielpunkt komplexerer Übungen. Sie schicken also den Hund von dort aus zum Apportiergegenstand und die Abgabe erfolgt wie zum Trainingsbeginn auch dort. Für nervöse und unkonzentrierte Hunde, die sich schnell von Außenreizen ablenken lassen, kann das Placeboardtraining bei den ersten Schritten der Ausbildung durchaus hilfreich sein. Es gibt natürlich Placeboards zu kaufen, mit etwas handwerklichem Geschick können Sie sich aber ganz leicht selbst eines bauen.

Ein Placeboard kann leicht selbst gebaut werden.

DER APPORTIERTISCH

Der Apportiertisch ist ein Hilfsmittel, welches ursprünglich aus der Gebrauchshundeausbildung stammt. Eingesetzt wird er beim Apportiertraining über negative Verstärkung, also dem sogenannten Zwangsapport. Am Tisch ist ein L-förmiges Gestänge befestigt. Wenn der Hund auf dem Tisch steht, kann er an dieser Stange am Halsband und oft auch über einen Bauchgurt auf dem Tisch stehend fixiert werden. Im Vorfeld des Trainings wird der Hund an den Tisch und die Fixierung gewöhnt. Häufig wird er dort gefüttert und zunächst wieder runtergenommen, bis er gelernt hat, entspannt auf dem Tisch zu stehen, ohne sich gegen die Fixierung zu wehren. Ursprünglich wurde beim Tischtraining nun ein für den Hund unangenehmes Empfinden über ein Stromimpulshalsband mit dauerhaft niedriger Frequenz ausgelöst. Schiebt der Ausbilder dem Hund den Dummy in den Fang, hört der Impuls auf. Der Hund wird nun natürlich nach kurzer Zeit gezielt den Dummy von selbst aufnehmen. Das Verbot von sogenannten Teletaktgeräten hat aber erfinderisch gemacht. Das unangenehme Gefühl wird nun anderweitig ausgelöst. Ein dünner Faden wird mit einer Schlaufe an einen Zeh einer Vorderpfote des Hundes gebunden und über die Stange nach oben gezogen. Hat der Hund den Dummy im Fang, hört der Zug auf, lässt er ihn fallen, wird die Schnur wieder gespannt. Der Vorteil ist bei dem Einsatz des Apportiertisches zum einen natürlich die angenehme Position für den Ausbilder im Stehen und vor allem, dass dieser nicht unmittelbar als Auslöser für den unangenehmen Reiz vom Hund erkannt wird. Ungenaues Timing kann allerdings sehr schnell und nachhaltig eine unangenehme Verknüpfung mit dem Ort und der Tätigkeit an sich auslösen.

Ein Apportiertisch als klassisches Hilfsmittel für die Arbeit über negative Verstärkung

FLEXPOLE

Der Flexpole ist eine Stange, die Sie in die Erde stecken können und an deren oberen Ende eine Leine befestigt ist. So können Sie Ihren Hund auf einen Radius einschränken. Der Hund ist angeleint, kann sich aber über die Apparatur nicht verheddern und Sie haben die Hände frei. Auch hier kann sich der Hund der Trainingssituation nicht körperlich entziehen und ist in diesem abgesteckten Bereich empfänglich für Ihre Trainingsangebote. Natürlich können Sie einen Flexpole bei den ersten Schritten im Apport sinnvoll einsetzen, unersetzbar ist dieses kostspielige Tool allerdings nicht unbedingt. Auch wenn es weniger luxuriös ist, tut es eine Leine in Verbindung mit einem Erdanker mit Sicherheit auch.

Breite und feststehende Halsbänder eignen sich gut, wenn die Leinenführigkeit noch nicht sitzt.

HALSBAND UND GESCHIRR

Damit Sie Ihren Hund an einer Leine fixieren können, brauchen Sie natürlich ein Halsband oder wahlweise ein Geschirr. Für die Arbeit an der langen Leine sollten Sie Ihren Hund zunächst an einem Geschirr führen. Nicht selten kann es passieren, dass Sie die Leinenlänge im Training falsch einschätzen oder der Hund ungestüm über den Dummy hinwegläuft und so mit voller Wucht in die 10-Meter-Leine hineinrennt. Das kann nicht nur zu Verletzungen führen, sondern auch die Freude am Apportiertraining nachhaltig ausbremsen. Erst wenn Sie die Leine nahezu nicht mehr einsetzen oder lediglich für leichte Korrekturen im Nahbereich einsetzen müssen, können Sie auf die Befestigung am Halsband umsteigen. Dies sollte aber dennoch möglichst breit und feststehend sein. Der Vorteil eines Halsbandes wiederum liegt darin, dass Sie den Kopf des Hundes besser unter Kontrolle haben und Ihre Impulse somit eindeutiger ankommen.

Ein Geschirr muss für jeden Hund individuell auf die Körpermaße eingestellt werden.

PRAKTISCHE AUSBILDUNG ZUM APPORT

— *Methoden und Möglichkeiten*

UNTERSCHIEDLICHE METHODEN, GLEICHE ZIELE

Es gibt immer verschiedene Möglichkeiten, einem Hund erwünschtes Verhalten beizubringen. In der Regel spielen alle vier Konditionierungsformen dabei eine Rolle.

Der Schwerpunkt kann allerdings sehr unterschiedlich gelegt sein. Um eine Wahl treffen zu können, sollten Sie die Grundprinzipien der gängigsten Methoden kennen und sich dann die Frage stellen, wie Lernen Ihrer Meinung nach am besten funktioniert. Und es ist wichtig, dass Sie sich mit der Methode wohl und sicher fühlen.

ZIELSETZUNG UND UNTERSCHIEDE

Soll Ihr Hund jagdlich apportieren, ist das Ziel immer der sichere, saubere und zuverlässige Apport in allen Lebenslagen. Dieses Ziel haben alle Ausbildungsmethoden gemeinsam und Sie können es auch mit allen Ausbildungsmethoden erreichen. Vorausgesetzt Sie setzen sie korrekt und konsequent um. Ebenso ist es möglich, mit einer fehlerhaften Umsetzung Ihr Ziel nicht zu erreichen. Allerdings können Sie dann unter Umständen mit der einen Methode mehr kaputt machen, als mit einer anderen. Denken Sie zurück an die Konditionierungsformen und die Begriffe Belohnung und Strafreize. Mit zu viel Belohnung können Sie nichts falsch machen, mit zu wenig Belohnung erreichen Sie lediglich nicht, was Sie wollen. Zu hohe Strafreize dagegen können dazu führen, dass Ihr Hund blockiert, Meideverhalten zeigt und die gewünschte Verhaltensweise gänzlich einstellt und die Ausbildungssituation grundsätzlich meiden möchte. Bauen Sie ein Verhalten über positive Verstärkung auf, dann führt es der Hund gerne aus und verbindet rundherum ein angenehmes Gefühl mit diesem Verhalten. Sollten Sie es dann über positive Bestrafung absichern wollen, bleibt dem Hund nach der Strafe als Alternativverhalten immer das als angenehm und gewinnbringend generalisierte, über positive Verstärkung eingearbeitete Verhalten. Bauen Sie ein Verhalten über negative Verstärkung auf, brauchen Sie sehr viel Fingerspitzengefühl beim Einsatz des unangenehmen Reizes. Sowohl in seiner Intensität als auch beim Timing des Nachlassens. Ist der Reiz zu stark, wird Ihr Hund bereits in der Lernphase blockieren. Sollten Sie auf diese Blockade mit mehr Druck antworten, dann kann das zu einer Totalverweigerung führen. Haben Sie auch noch ein schlechtes Timing und der Hund versteht überhaupt nicht, mit welcher Verhaltensweise er dem Reiz entgehen kann, entsteht in Verbindung mit dem Apport schnell verbrannte Erde. Verknüpft der Hund zusätzlich noch den aversiven Reiz mit Ihnen als

Ausbilder, dann besteht die Möglichkeit, dass er Ihr Kommando aufgrund Meideverhaltens nicht ausführt, sobald er sich außerhalb Ihres Einflussbereiches wähnt. Die Methode allein entscheidet nicht über die Zuverlässigkeit der Ausführung des Kommandos. Vielmehr das konsequente, kontinuierliche und kleinschrittige Training.

DIE RECHTSLAGE

Wie bereits erwähnt spielen bei jeder Methode alle Konditionierungsformen eine mehr oder weniger große Rolle im Training, bei der Belohnung, der Sicherung über die Leine und bei deren bewusstem Einsatz. Körpersprachliches Blockieren, ein tadelndes „Nein", das Weglassen einer Belohnung und so weiter. Vor allem wenn die Quadranten „positive Bestrafung" und „negative Verstärkung" ins Spiel kommen, sollten Sie die Gesetzeslage kennen und prüfen, ob das, was Sie tun oder wozu Ihnen geraten wird, eventuell gegen geltendes Recht verstößt.

Das Tierschutzgesetz besagt in §3:
Es ist verboten
5. „ein Tier auszubilden oder zu trainieren, sofern damit erhebliche Schmerzen, Leiden oder Schäden für das Tier verbunden sind."
11. „ein Gerät zu verwenden, das durch direkte Stromeinwirkung das artgemäße Verhalten eines Tieres, insbesondere seine Bewegung, erheblich einschränkt oder es zur Bewegung zwingt und dem Tier dadurch nicht unerhebliche Schmerzen, Leiden oder Schäden zufügt, soweit dies nicht nach bundes- oder landesrechtlichen Vorschriften zulässig ist."
Punkt 11 ist dabei natürlich klar definiert und bezieht sich auf Stromimpulshalsbänder, die zwar frei verkäuflich sind, deren Einsatz aber ganz eindeutig gegen das Tierschutzgesetz verstößt. Im Rahmen der Apportierausbildung gibt oder gab es durchaus Möglichkeiten, im Rahmen der negativen Verstärkung und positiven Bestrafung diese anzuwenden. Rät Ihnen also jemand zum Einsatz eines solchen Gerätes, sollten Sie aufhorchen und unbedingt davon Abstand nehmen.

Gewalt und Schmerz gehören nicht ins Hundetraining.

Verbotene Hilfsmittel haben in der Hundeausbildung nichts zu suchen.

Punkt 5 ist wiederum nicht unbedingt klar definiert und erlaubt durchaus Interpretationsspielraum. „Erhebliche Schmerzen, Leiden oder Schäden" können bis zu einem gewissen Maß individuell unterschiedlich bewertet werden. Der gesunde Menschenverstand sollte allerdings die richtige Einschätzung liefern.

In der Tierschutzhundeverordnung §2 (5) heißt es:

„Es ist verboten, bei der Ausbildung, bei der Erziehung oder beim Training von Hunden Stachelhalsbänder oder andere für die Hunde schmerzhafte Mittel zu verwenden." Stachelhalsbänder sind in diesem Absatz wieder klar definiert. Andere „schmerzhafte Mittel" können ganz unterschiedlicher Art sein. Bei dem Einsatz negativer Verstärkung können Sie sich allerdings schnell in einer Grauzone bewegen. Wenn der zu trainierende Hund eine gewisse Unempfindlichkeit mitbringt und erwünschtes Verhalten nur dann wiederholt zeigt, wenn das vorherige Ungemach ihm sichtlich Schmerzen verursacht. Ebenso kann der Zustand, regelmäßig in der Lernsituation unter der Einwirkung eines unangenehmen Reizes zu stehen, durchaus Leiden bei Hunden auslösen. Deren Grad der Erheblichkeit und auch Verhältnismäßigkeit muss zugunsten des Hundes eingeschätzt werden.

INFO

Im Umgang mit dem Hund darf und sollte es durchaus auch klare Ansagen geben, Schmerz und Gewalt zählen allerdings nicht dazu! „Was Du nicht willst, das man Dir tu`, das füg auch keinem anderen zu!" Diese goldene Regel darf auch im Umgang mit dem Hund Verwendung finden.

DIE BRINGFREUDE

Jeder Hund kann Beuteobjekte herumtragen. Mit den richtigen Impulsen lässt sich diese natürliche Verhaltensweise formen.

In der Jagdhundeausbildung herrscht häufig noch die Meinung, der Hund wolle grundsätzlich nicht bringen und nur über Zwang könne dieses gewünschte Verhalten antrainiert werden. Spaß und Freude sind während des Lernprozesses nahezu unerwünscht, nehmen sie der Tätigkeit ja die notwendige Ernsthaftigkeit. Nach diesem pädagogischen Konzept würde wohl niemand seinem Kind gerne Lesen, Schreiben, Schwimmen oder anderes beibringen wollen. Die Freude am Lernprozess selbst ist der beste Einstieg ins Training, dann folgt der Ausbau der Fähigkeiten durch Übung, wobei innerhalb eines Rahmens auch Fehler gestattet sind. Dabei wird das Ziel aber nicht aus den Augen gelassen und die Anforderungen schrittweise gesteigert. Klare Regeln und Strukturen gewährleisten die Mitarbeit am Unterricht. Ist das Lernziel erreicht, wird das Verhalten durch Generalisierung gefestigt und, wenn nötig, ein bewusstes Nichtbefolgen des Kommandos korrigiert. Der Einstieg ins Training ist dabei denkbar einfach, denn die meisten Hunde nehmen Beuteobjekte auf und tragen sie umher. Sobald Sie den Hund freudig heranlocken, kommt er mit dem Gegenstand zu Ihnen.

Mittels eines Tauschgeschäfts können Sie dann leicht an den gebrachten Gegenstand kommen. Warum sollten Sie also dieses Verhalten nicht gezielt nutzen und fördern? Nun ist es leider nicht bei allen Individuen so einfach, wie wir uns das vorstellen. Viele Hunde nehmen Objekte zwar gerne auf und tragen sie eine Zeitlang umher, denken aber gar nicht daran, mit der Beute auch nur ansatzweise in die Nähe des Menschen zu kommen. Allen Bemühungen und Lockversuchen zum Trotz. Sobald ihr Interesse von anderen Dingen geweckt wird, ist die Beute uninteressant und wird einfach liegen gelassen. Schwer, hier ein Verhalten zu belohnen. Aber auch in diesen Kandidaten können Sie mit etwas Geschick, Geduld und Feingefühl die Bringfreude hervorbringen und die ersten Weichen für ein späteres, hochgradig selbst motiviertes Apportieren stellen.

Auch der Fuchs ist bei guter Einarbeitung zu bewältigen.

Über die lange Leine kann abgesichert werden, bis ein Verhalten gefestigt ist.

GRUNDVORAUSSETZUNGEN

Auch wenn Sie über die Bringfreude in das Apportiertraining einsteigen wollen, muss dem Hund im Training bewusst gemacht werden, dass die Kooperation und die Ausführung des von ihm erwünschten Verhaltens von Ihnen konsequent eingefordert werden. Der Rahmen, den Sie Ihrem Hund vorgeben, ist dabei allerdings weiter gesteckt als zum Beispiel beim Zwangsapport. Der Hund darf sich der Trainingssituation nicht entziehen können, es sind aber durchaus Fehlversuche möglich und auch erlaubt. Sie müssen Ihren Hund dazu bringen, ein Verhalten zu zeigen, welches Sie belohnen und formen können. Am Ende soll er aus eigenem Antrieb heraus das Verhalten zeigen. Um das zu erreichen, müssen Sie gerade zu Beginn des Trainings ein paar Faktoren berücksichtigen.

Hund und Mensch als Team

Reizlage Grundsätzlich gilt es bei jedem Training, die Ablenkungsreize für den Hund dermaßen zu minimieren, dass er nicht zu stark abgelenkt wird. Beginnen Sie das Training also im Haus, im Garten, ohne die Anwesenheit anderer Tiere oder Familienmitglieder, auf einem Untergrund, der wenig Ablenkung durch interessante Gerüche bietet und so weiter. Mit steigendem Trainingsstand erhöhen Sie schrittweise die Reizlage.

Bewegungsradius Schränken Sie den Bewegungsradius Ihres Hundes mithilfe einer langen Leine ein. Trotz aller Vorsicht und Bemühungen kann Ihr Hund jederzeit von etwas abgelenkt werden und sich der Trainingssituation entziehen wollen. Die Erkenntnis, sich nur innerhalb dieses Radius bewegen zu können, schafft außerdem eine höhere Kooperationsbereitschaft. Sollte Ihr Hund eine Übung nicht mitmachen wollen, können Sie ihn in erster Instanz zeitnah mit der Leine daran hindern, etwas anderes zu tun. Sie verhindern so, dass er sich für unerwünschtes Verhalten selbst belohnt, indem er zum Beispiel reizvollen Gerüchen nachgeht, nach Mäusen buddelt, Blätter fängt oder dergleichen.

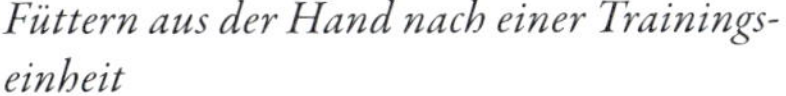

Füttern aus der Hand nach einer Trainingseinheit

Die Erwartung an die Belohnung wirkt bereits belohnend.

Belohnung und Kooperationsbereitschaft Ihr Hund muss Lust darauf haben, mit Ihnen zusammenzuarbeiten. Das heißt nun ganz und gar nicht, dass Sie das Training verschieben, wenn Sie merken, dass sich Ihr Hund gerade mit etwas anderem beschäftigen möchte. Sorgen Sie dafür, dass die Arbeit mit Ihnen und die Kooperation für den Hund das Allergrößte ist. Haben Sie Reizlage und Bewegungsradius berücksichtigt, sollte sich die Kooperation jetzt richtig lohnen. Dazu müssen Sie ein Bedürfnis schaffen, welches nur über die Kooperation befriedigt werden kann.

Gehören Sie also zu jenen Menschen, denen das Prinzip der positiven Verstärkung mehr liegt, als das der negativen Verstärkung, und ist Ihnen daran gelegen, so wenig aversive Reize wie möglich in der Hundeausbildung einzusetzen, dann müssen Sie sich darüber im Klaren sein, dass Belohnung zwar individuell an jeden Hund angepasst werden muss, bei einem Jagdhund allerdings die Möglichkeiten, sich mit unerwünschtem Verhalten selbst viel stärker zu belohnen als mit erwünschtem Verhalten, im Alltag allgegenwärtig sind. Das erwünschte Verhalten, in diesem Fall das Apportieren, sollte daher langfristig für den Hund eine maximale Wichtigkeit bekommen. Dies erreichen Sie am besten durch die Kopplung von Fütterung und Apportieren. Es mag nicht bei jedem Hund bis in die letzte Instanz notwendig sein, merken Sie jedoch erst nach einigen Monaten, dass Ihr Hund die Präferenzen anders legt als Sie, dann haben Sie bereits viel Zeit und die Möglichkeit, den Hund während der Anlernphase zu prägen, verpasst.

DAS PRINZIP FUTTER FÜR ARBEIT

„Futter für Arbeit" bedeutet, dass Sie Ihren Hund nicht bedingungslos ein bis drei Mal täglich aus dem Napf füttern, sondern die tägliche Futtermenge über den Tag verteilt während der Trainingseinheiten als Belohnung und dementsprechend auch als Bezahlung verfüttern. Dabei ist es wichtig, dass Sie Ihrem Hund nur Aufgaben stellen, die seinem Trainingsstand entsprechen. Sie können also zu Hause im Garten mit dem Training beginnen, sollten dann aber unbedingt im weiteren Verlauf des Trainings außerhalb der gewohnten und immer gleichen Umgebung an möglichst vielen verschiedenen Orten unter den unterschiedlichsten Umständen trainieren – dort also auch füttern. Für jede einzelne Übung innerhalb einer Trainingseinheit bekommt der Hund ein Stück Futter. Für die letzte Übung geben Sie ihm als Jackpot eine komplette Mahlzeit. Dabei ist es vollkommen egal, wie viele Übungen Sie innerhalb einer Trainingseinheit mit dem Hund absolvieren. Sollte Ihre Zeit einmal begrenzt sein, oder Sie nicht die Muße für eine ausgeprägte Trainingseinheit haben, so reicht eine einzige Apportierübung aus, um dem Prinzip treu zu bleiben. Dies ist allerdings absolut wichtig, um den erwünschten Effekt zu erzielen. Für den Hund soll das Apportieren und die damit zusammenhängende Kooperation nicht nur Spaß machen, sondern, wenn man so will, auch existenziell wichtig sein. Ausnahmen, vor allem zu viele und zu regelmäßige, wie zum Beispiel die abendliche Gabe einer auch nur geringen Menge Futter im Napf, können den Effekt bereits signifikant abschwächen. Wenn Sie also diesen Weg gehen wollen und damit sich dieser kleine Mehraufwand wirklich lohnt, sollten Sie konsequent diesem Prinzip treu bleiben. Das gilt so lange, bis Ihr Hund einen gesicherten und weitestgehend abgeschlossenen Trainingsstand erreicht hat. Dies ist gegebenenfalls nach zwei bis drei Jahren der Fall. Nach diesem Zeitraum können Sie am besten tagsüber eine Futtermenge von 40 bis 60 Prozent als Belohnung und Bezahlung vergeben und nach der letzten Aktivität des Tages die restliche Menge zu Hause im Napf. Leckerchen, also ein Zubrot in Form von besonderem Futter, können natürlich auch zusätzlich als Belohnung eingesetzt werden, zum Beispiel für besonders gute Ausführungen eines Kommandos unter besonderen Umständen oder für spezielle Kommandos, wie den Rückpfiff.

Wenn Sie hauptsächlich über das normale Futter mit dem Hund arbeiten und sparsam mit Leckerchen umgehen, bleibt Ihnen langfristig auch deren Wirkung in der Ausbildung erhalten. Sie brauchen übrigens keine Angst zu haben, dass Ihr Hund später nur etwas für Futter macht. Wenn Sie ein erlerntes Verhalten festigen, brauchen Sie nicht mehr jedes Mal mit Futter zu belohnen, Sie schleichen die einzelnen Bröckchen langfristig aus. Der Jackpot dient dann längerfristig zum Erhalt der Wertigkeit der Tätigkeit. Aufgrund dessen hoher Bedeutung und der freudvollen Lernerfahrung wird das Apportieren langfristig selbstbelohnend.

Futter für Arbeit bedeutet: der Napf bleibt ohne Arbeit leer.

Die Mahlzeit am Ende einer Trainingseinheit als Belohnung

Über den Beutetrieb kann schon der Welpe zum Bringen animiert werden.

Durch Locken und Belohnen wird das Bringen zielgerichtet.

DIE ERSTEN SCHRITTE

Für die ersten Schritte suchen Sie eine Umgebung auf, die für Ihren Hund nicht zu viele Ablenkungsreize birgt. Sichern Sie ihn über eine mindestens 10-Meter-Leine ab. Welpen sollten vorher bereits an die lange Leine gewöhnt worden sein, denn nicht selten sind sie noch enorm abgelenkt von dem langen Ding, das da hinter ihnen herschleift. Der Bewegungsreiz veranlasst sie immer wieder dazu, die Leine fangen zu wollen, und das Training wird dadurch unterbrochen. Befestigen Sie die lange Leine zur Sicherheit anfangs an einem Geschirr. Im weiteren Trainingsverlauf, wenn Sie und Ihr Hund sich an die Leine und deren Handling gewöhnt haben und keine Gefahr besteht, dass der Hund mit Wucht hineinläuft, können Sie die Leine auch an einem breiten, feststehenden Halsband befestigen. Sie benötigen nun einen Dummy, den Ihr Hund durchaus interessant findet. Zeigen Sie ihm das Apportel und bewegen es ein wenig vor ihm her wie ein Beuteobjekt. Beute bewegt sich tendenziell vom Räuber weg. Das gilt auch für den Dummy. Schieben Sie ihn dem Hund also nicht ins Gesicht oder wedeln damit vor seiner Nase herum. Bewegen Sie ihn schnell im Zickzack vom Hund weg. Sobald Sie seine Aufmerksamkeit erfolgreich auf den Dummy gelenkt haben, werfen Sie ihn einige Meter, allerdings nicht weiter als die Leine reicht, vom Hund weg. Im Idealfall nimmt Ihr Hund die Beute auf und trägt sie bereits umher. Nehmen Sie das Ende der Leine in die Hand, gehen rückwärts vom Hund weg und locken ihn dabei zu sich. Während er in Ihre Richtung kommt, holen Sie die Leine wie eine Angelschnur ein. Driftet Ihr Hund ab, entfernen Sie sich weiter lockend von ihm und holen ihn mit leichtem Zug auf der Leine zu sich heran. Nehmen Sie ihm den Dummy nicht sofort ab, sondern loben Sie ihn reichlich. Nach einigen Sekunden nehmen Sie den Dummy in die Hand und holen mit der anderen Hand ein Stück Futter für ein Tauschgeschäft hervor. Nehmen Sie den Dummy mit dem Wort „Aus" aus dem Fang und geben Sie anschließend Ihrem Hund das Futter. Das können Sie nun einige Male wiederholen, bis Ihr Hund verstanden hat, dass es sich lohnt, mit dem Apportel zu Ihnen zu kommen.

Nun läuft im Training allerdings nicht alles wie es im Buche steht. Es kann natürlich sein, dass Ihr Hund nach dem Wurf des Dummys zwar freudig dorthin läuft, ihn aber nur kurz beschnüffelt und dann liegen lässt. Darauf können Sie auf unterschiedliche Art und Weise reagieren.

1. Versuchen Sie es einfach einmal oder mehrere Male erneut und passen Sie dabei gegebenenfalls die Reizlage an. Ein anderer Untergrund kann dabei bereits wirksam sein.
2. Belohnen Sie bereits das Beschnüffeln des Gegenstandes. Während Ihr Hund sich damit beschäftigt, loben Sie ihn, gehen zu ihm, nehmen selbst interessiert den Dummy auf und geben Ihrem Hund etwas Futter. Auch das können Sie einige Male wiederholen und zwischendurch abwarten, ob der Hund doch noch den Dummy aufnimmt.
3. Haben Sie die Reizlage auf ein Minimum heruntergefahren und wiederholt vergeblich den Hund zum Aufnehmen des Apportels animiert, nimmt er ihn nicht auf oder lässt ihn unterwegs immer wieder fallen, dann wechseln Sie den Dummy. Der Apportiergegenstand sollte durchaus so spannend für den Hund sein, dass er ihn nicht einfach herumliegen lassen will. Auch wenn Sie im Training merken, dass

Erste Trainingseinheiten im Haus mit wenig Ablenkung

Duftet die Wiese für den Welpen zu interessant, gibt es Alternativen.

Bereits das Interesse des Hundes am Dummy kann bestätigt werden.

TIPP

Locken Sie Ihren Hund niemals mit Futter in der Hand zu sich. Das führt in den meisten Fällen dazu, dass Ihr Hund den Dummy auf dem Weg zu Ihnen fallen lassen wird. Erst wenn Sie im Besitz des Dummys sind, holen Sie das Futter heraus.

er den Apportiergegenstand lieber für sich behalten möchte und eher unfreiwillig damit in Ihre Richtung kommt, sind das durchaus gute Voraussetzungen, die Bringfreude im Hund allmählich zu wecken.

Wechseln Sie auch dann den Apportiergegenstand, wenn Ihr Hund ihn nicht gut greifen kann oder er so wild darauf herumkaut, dass auch ein stetiger Zug an der langen Leine ihn nicht in Ihre Richtung in Schwung bringen kann. Erlaubt sind für den Einstieg ins Training alle Gegenstände, die der Hund gut greifen und tragen kann und die er nicht durchkauen und damit innerhalb kurzer Zeit zerstören kann. Auch wenn Sie ein wenig ausprobieren müssen, wird mit Sicherheit bald das Passende dabei sein.

Sollte Ihr Hund den Apportiergegenstand freudig und zügig zu Ihnen herantragen, ihn aber, bei Ihnen angekommen, sofort fallen lassen, ist das zunächst noch in Ordnung. Ziel sollte es allerdings sein, dass Ihr Hund den Dummy in Ihre Hand ausgibt. Laufen Sie lockend rückwärts, sodass Ihr Hund keinen Schwung auf dem Weg zu Ihnen verliert. Wenn Sie jetzt etwas Geschick besitzen, können Sie, sobald Ihr Hund nah genug ist, eine Hand unter den Dummy halten und ihn ihm so aus dem Fang nehmen. Lässt Ihr Hund den Gegenstand bereits wenige Meter vor Ihnen fallen, ist es wichtig, dieses Verhalten nicht noch zu bestätigen. Laufen Sie Ihrem Hund nicht entgegen, wenn er mit dem Dummy auf Sie zuläuft. Dies verstärkt nur den Effekt, dass Ihr Hund nicht ganz zu Ihnen heranläuft. Nicht nur, dass er die Erfahrung macht, Sie kommen Ihm ohnehin ein Stück entgegen, wirkt ein schnelles Auf-den-Hund-Zulaufen unter Umständen drohend. Es entsteht ein Kommunikationsmissverständnis. Ihr Hund denkt, Sie würden Ihm die Beute streitig machen. Er lässt sie daher schnell fallen, um keinen Konflikt mit Ihnen zu erzeugen. Hat Ihr Vierläufer nun den Dummy zu früh fal-

Vorsitzen und Halten klappt nicht bei jedem Vierläufer unbedingt auf Anhieb.

Freundliche Aufforderung durch den Hundeführer zum Aufnehmen aus kurzer Distanz

Jetzt einen Schritt zurück und die Abgabe in die Hand belohnen.

Wenn der Hund sitzt, nimmt der Hundeführer den Dummy aus dem Fang.

TIPP
Lassen Sie Ihrem Hund Zeit, die richtigen Ideen zu entwickeln, und belohnen Sie die Ergebnisse, die in die gewünschte Richtung gehen.

len gelassen, versuchen Sie, ihn erneut aufzufordern, ihn zu bringen. Nehmen Sie dabei auch wieder ein wenig Distanz zu ihm und dem Dummy auf, indem Sie rückwärtslaufen. Klappt das nicht, machen Sie einfach einen Haken an diesen Versuch, nehmen den Dummy auf und versuchen es erneut. Sobald Ihr Hund aufgenommen hat, entfernen Sie sich schnellen Schrittes animierend lockend, sodass er seine Geschwindigkeit bis zu Ihnen beibehält.
Setzen Sie sich und Ihren Hund bei den ersten Versuchen nicht unter Druck. Ziel ist es lediglich, dass Ihr Hund zu einem von Ihnen weggeworfenen Gegenstand läuft, ihn aufnimmt und zielgerichtet bis zu Ihnen heranbringt. Dies bestätigen Sie mit Futter, auch wenn in den ersten Trainingseinheiten durchaus noch Abzüge in der B-Note gemacht werden müssen. Geben Sie Ihrem Hund den Futterjackpot, sobald das Maximum einer Ausführung von Ihrem Hund gezeigt wurde. Er soll jetzt in erster Linie lernen, dass sich Bringen überaus lohnt. Es kann durchaus einige Tage oder sogar Wochen dauern, bis Ihr Hund bringt, ohne dass Sie die Übung mit der langen Leine absichern müssen.

Den Futterjackpot gibt es, wenn der Hund die Übung bestmöglich ausgeführt hat.

DAS KOMMANDO

Solange das erwünschte Verhalten nicht sicher gezeigt wird, benutzen Sie kein Kommando. Erst wenn Sie sicher damit rechnen können, dass Ihr Hund zielgerichtet zum Apportel läuft, ihn ohne Umstände aufnimmt und auf direktem Weg zu Ihnen kommt, belegen Sie die Handlung mit einem Kommando. Es spricht überhaupt nichts dagegen, jetzt schon das Kommando „Apport“ zu benutzen, wenn die grundlegenden Regeln, Aufnehmen und Bringen, klar sind und ausgeführt werden. Wer sich damit aber schwer tut, und lieber warten möchte, bis das Gesamtkonzept inklusive Warten, Vorsitzen und Halten steht, kann für diesen Lernschritt ein anderes Kommando, zum Beispiel „Bring“ einführen und später durch „Apport“ ersetzen. Rufen Sie Ihr Kommando in dem Moment, indem der Apportiergegenstand zum Wurf die Hand verlässt, und belegen Sie auch das Zurückkommen mit dem von Ihnen gewählten Wort. Während der Hund auf Sie zuläuft, können Sie dementsprechend „ja prima, Apport!“ rufen.

TIPP
Wie für jedes Kommando gilt: Erst zuverlässig die erwünschte Verhaltensweise erzeugen und dann mit dem gewünschten Kommando verknüpfen.

HIN ZUM KONTROLLIERTEN BRINGEN

Hat Ihr Hund gelernt, dass er durch zügiges Bringen eines von Ihnen geworfenen Beuteobjektes sein Futter bekommt und haben Sie diese Tätigkeit mit einem Kommando belegt, können Sie beginnen, den Bewegungsreiz des geworfenen Dummys, dem der Hund bisher immer folgen durfte, abzubauen. Hauptaufgabe ist später schließlich das Suchen und Finden der Beute, ohne dass der Arbeit ein extra motivierender Bewegungsreiz vorausgegangen ist. Legen Sie dazu den Apportiergegenstand sichtbar für den Hund aus, während dieser sitzen bleiben soll. Beginnen Sie mit sechs bis zehn Metern Distanz. Je besser die Übung gelingt, desto mehr können Sie die Distanz steigern. So leiten Sie bereits auch schon ansatzweise das zielgerichtete Suchen ein. Wartet Ihr Vierläufer nicht ab, bis Sie wieder zu ihm zurückgekehrt sind, nehmen Sie sofort den Dummy wieder auf und setzen den Hund wieder an der ihm zuvor zugewiesenen Stelle ab. Nach wenigen Wiederholungen sollte das, ein parallel dazu eingearbeitetes Bleib-Kommando vorausgesetzt, funktionieren. Stellen Sie sich rechts neben Ihren Hund und warten Sie einen Moment ab, bis er Augenkontakt zu Ihnen aufnimmt. Zeigen Sie dann in Richtung des Dummys und geben das Kommando zum Bringen. Sobald er es aufgenommen hat, loben und locken Sie wieder enthusiastisch und belohnen wie gehabt. Zu Beginn des Trainings dieser statischen Apportierübungen und besonders bei sehr jungen Hunden ist es empfehlenswert, nach drei bis vier Übungen aus dem Bleiben zur Auflockerung immer mal wieder einen „Happy-Dummy“ zu werfen. Den Hund also zwar auf Kommando, aber wie in der ersten Anlernphase, direkt hinter dem geworfenen Gegenstand herlaufen zu lassen.

Mit dem bereits etablierten Kommando wird der wartende Hund zum Dummy geschickt.

Jetzt sollte der Hundeführer ausgiebig loben, denn der junge Hund hat die Übung gemeistert.

Die kognitive Anstrengung ist für den jungen Hund bei den statischen Übungen nicht zu unterschätzen. Ein Motivationswurf, und damit auch die Abfrage und Bestätigung von bereits erlerntem und gesichertem Verhalten, hält die Aufmerksamkeit des Hundes lange auf hohem Niveau und ermöglicht dadurch mehrere Wiederholungen neuer Übungen. Das wirkt sich wiederum positiv auf die Lernfrequenz aus. Je mehr Wiederholungen während einer Trainingseinheit möglich sind, desto schneller prägt sich das neue Verhalten ein.

IMPULSKONTROLLE

Neben dem Weglassen des Bewegungsreizes ist es ebenso wichtig, zu trainieren, dass der Hund nicht mehr unaufgefordert jedem Bewegungsreiz folgen darf. Stellen Sie sich neben Ihren sitzenden Hund und werfen den Dummy, wird er wahrscheinlich noch nicht über die Impulskontrolle verfügen, sitzen zu bleiben. Auch nicht, wenn Sie explizit das Bleiben eingefordert haben. Sie können Ihren Hund zwar festhalten, während Sie den Dummy werfen, allerdings wird er dann mit Sicherheit in die Leine springen. Durch den Frust könnte Ihr Hund noch aufgeregter werden oder das Interesse gänzlich verlieren. Statt mit einer hohen Reizlage einzusteigen und dann warten zu müssen, dass sich der Hund erst wieder runterfährt, beginnen Sie mit einem entspannten Hund in einer geringen Reizlage und steigern diese langsam bis zum erwünschten Ergebnis. Funktioniert das Weglegen des Apportiergegenstandes in etwa 10 Meter Entfernung vom Hund, steigern Sie zunächst aus der Distanz den Reiz des Beuteobjektes. Zunächst lassen Sie den Dummy aus der ausgestreckten Hand von oben fallen. Dann werfen Sie den Dummy erst einen Meter weit hinter sich und arbeiten sich im Verlauf des Trainings Meter für Meter weiter, bis Sie den Dummy dynamisch maximal weit weg werfen können, ohne dass Ihr Hund dem Bewegungsreiz erliegt. Drehen Sie Ihrem Hund dabei nicht komplett den Rücken zu, sondern stehen Sie etwas schräg, damit Sie ihn im Auge behalten und, falls nötig, unerlaubtes Durchstarten blockieren können. In diesem Fall bringen Sie ihn einfach wieder zurück zum Ausgangspunkt und starten die Übung erneut mit verringerter Reizlage. Ist der Dummy erfolgreich ausgeworfen, gehen Sie immer zu Ihrem Hund zurück, belohnen ihn für das Warten und schicken ihn erst nach einigen Sekunden, wobei Sie wieder auf vorherigen Blickkontakt warten können.

01

02

03

01 Der Hundeführer lässt den Dummy fallen.

02 Das Warten sollte belohnt und auf Kommando geschickt werden.

03 Locken, loben und in die Hand abgeben

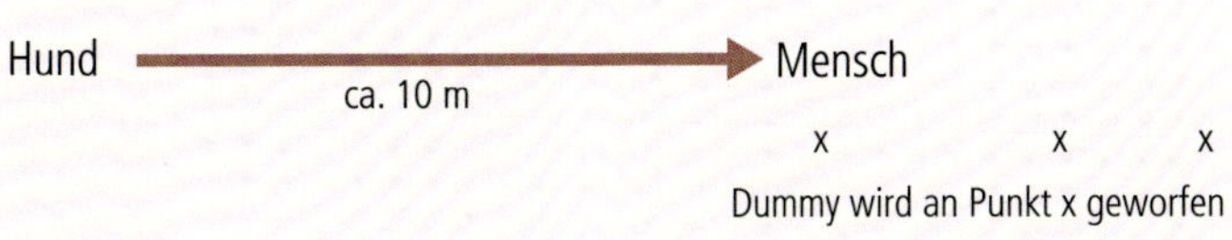

Der Dummy wird erst fallen gelassen und dann schrittweise weiter weg geworfen.

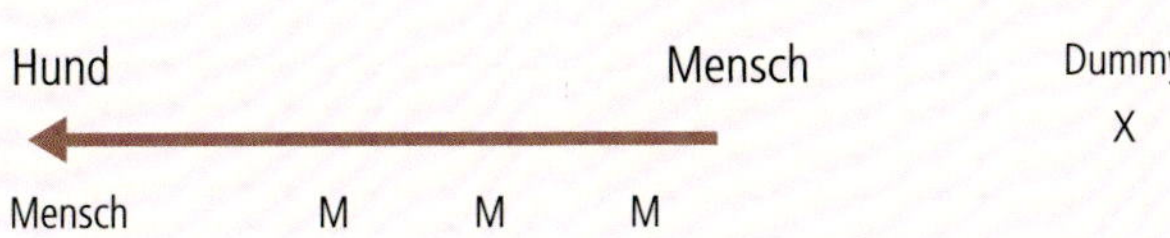

Die Position zum Hund wird verringert.

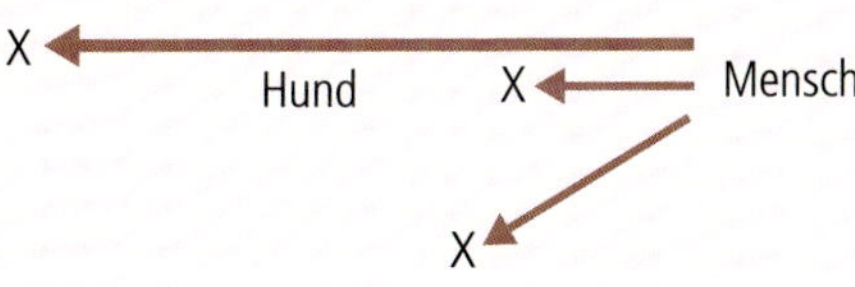

Die Dummys werden in verschiedene Richtungen geworfen.

Nun müssen Sie noch Ihre Distanz zum Hund schrittweise verringern, bis Sie tatsächlich neben ihm stehen und werfen können. Gehen Sie dabei ebenfalls in kleinen Abstufungen vor und sichern Sie einen bereits erreichten Trainingsstand immer durch mehrmalige Wiederholungen ab, bevor Sie den nächsten Schritt angehen. Geschickt wird der Hund immer noch erst, wenn Sie neben ihm stehen und er weiterhin ruhig sitzt und abwartet. Je näher Sie bei dieser Übung vor oder neben Ihrem Hund beim Auswerfen des Dummys stehen, desto eher kann er bei zu hoher Reizlage an Ihnen vorbei huschen und doch den Dummy ohne Kommando holen. In diesem Fall ist entweder Ihr Rückruf bereits so gut, dass Sie ihn auf dem Weg zum Dummy abrufen können oder Sie lassen ihn durchlaufen und den Dummy bringen und schreiben sich selbst den Fehler bei dieser Übung auf die Fahne. Der nächste Versuch sollte dann auf jeden Fall mit geringerer Reizlage erfolgen. Rufen Sie keineswegs dem Hund verzweifelt und am Ende erfolglos hinterher. Dies mindert lediglich Ihre Souveränität. Abbruch und Neustart ist die bessere Alternative. Statt den Apportiergegenstand immer vom Hund wegzuwerfen, können Sie noch weitere Wurfrichtungen in die Übungen mit einbeziehen, um die Steadyness und Impulskontrolle zu steigern. Sie können in die Richtung des Hundes werfen, mit mehr oder weniger großem Abstand an ihm vorbei oder über ihn hinweg.

INFO

Blickkontakt muss nicht zwingend eingefordert werden, ist aber sinnvoll, wenn die Aufmerksamkeit des Hundes auf den Menschen nachlässt.

Zwischenapport auf große Distanz

Zwischenapport aus geringerer Distanz

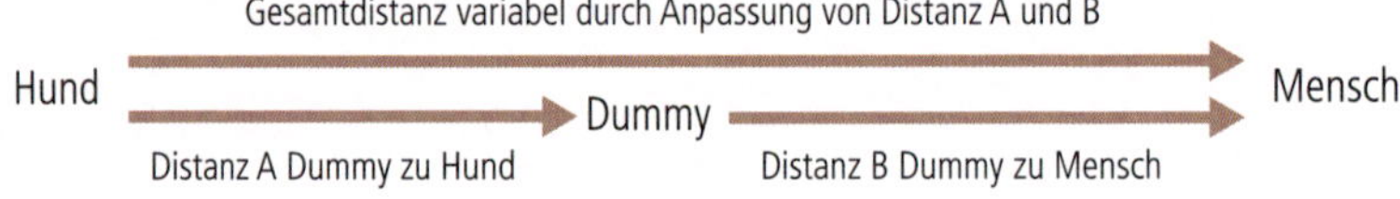

Zwischenapport: Der Dummy liegt zwischen Hund und Mensch.

ABGABE IN DIE HAND

Die Abgabe in die Hand ist einer der ersten Ansprüche, den Sie bereits in den Anfängen des Trainings versuchen sollten, an Ihren Hund zu stellen. Sollte Ihr Hund den Dummy vor Ihnen fallen lassen, fordern Sie ihn motivierend auf, ihn noch mal aufzunehmen. Mit etwas Geschick, können Sie schnell die Hand drunterhalten und dann belohnen. Gelingt es nicht, belohnen Sie zunächst dennoch. Je nach Hund können Sie einen bis drei Fehlversuche provozieren, solange er kooperativ und erkennbar an einer Problemlösung arbeitet. Frust dagegen sollten Sie in dieser Phase des Trainings vermeiden. Wenn Sie merken, dass Ihr Hund vollkommen auf dem Schlauch steht, dann belohnen Sie zunächst das, was er anbietet und am ehesten Ihrer Vorstellung entspricht. Mit gezielten Übungen können Sie die Abgabe in die Hand trainieren. Oft sind die Hunde irritiert von der Konstellation der Apportierübung. Bisher ist er immer von Ihnen weggelaufen, um aufzunehmen, und dann auf Sie zu gelaufen. Wenn Sie nun vor ihm stehen und ihn zur Aufnahme des Dummys zwischen Ihnen auffordern, kann das irritierend wirken – besonders auf kurze Distanz. Trainieren Sie daher einen Zwischenapport mit Ihrem Hund, dessen Distanz Sie variieren und schließlich extrem verkürzen können. Dazu lassen Sie Ihren Hund sitzen und warten und gehen etwa acht Schritte von ihm weg, dort legen Sie den Dummy sichtbar aus und gehen nochmals acht Schritte weiter. Der Apportiergegenstand liegt nun genau zwischen Ihnen. Drehen Sie sich zu Ihrem Hund um, zeigen auf den Dummy und geben Ihr Kommando zum Bringen. Manche Hunde laufen direkt zum Apportel, nehmen es auf und bringen, andere aber müssen sich erst mit der ungewohnten Konstellation vertraut machen. Sie laufen über den Dummy hinweg und kommen zu ihrem Menschen. In diesem Fall schicken Sie ihn einfach von sich aus zurück zum Dummy. Spätestens nach einigen Wiederholungen wird bei jedem Hund der Zwischenapport funktionieren. Jetzt können Sie die Distanz zwischen sich, dem Hund und dem Dummy verringern. Aus acht werden sechs, aus sechs werden vier Schritte und schließlich stehen Sie einen Meter vor Ihrem Hund und der Dummy liegt zwischen Ihnen. Sobald Sie merken, dass Ihr Hund bei geringerer Distanz wieder irritiert ist, vergrößern Sie sie zunächst wieder, indem Sie einen bis zwei Schritte zurückgehen. Nimmt Ihr Hund aber aus kurzer Distanz den Dummy auf, haben Sie eine hervorragende Möglichkeit, ihn direkt vom Fang in die Hand zu nehmen. Da der Vierläufer nun die Aufnahme und Abgabe aus kurzer Distanz kennt, werden Sie ihn auch problemlos korrigieren können, wenn er in den übrigen Apportierübungen den Dummy zu früh fallen lässt.

TRAGEN DES DUMMYS

Um das ruhige Halten zu üben und einem eventuellen Drang des Hundes, den Apportiergegenstand möglichst schnell in Ihrem Nahbereich an Sie übergeben zu wollen, entgegen zu wirken, lassen Sie Ihren Hund den Dummy an kurz gehaltener Leine neben Ihnen her tragen. Legen Sie das Apportel ein Stück hinter sich und den neben Ihnen sitzenden Hund. Schicken Sie ihn dann mit dem Apportierkommando dorthin und gehen, sobald er aufgenommen hat, die Leine auf ungefähr zwei Meter Länge haltend, weiter. Machen Sie dabei auch den einen oder anderen Richtungswechsel.

Ablegen des Dummys

Aufforderung zur Aufnahme des Dummys

Nach dem Aufnehmen wird der Dummy getragen.

Der Mensch nimmt zunächst dem stehenden Hund den Dummy ab.

Sollte Ihr Hund unterwegs den Dummy fallen lassen, schicken Sie ihn einfach wieder zurück und lassen ihn erneut aufnehmen. Bei sehr hartnäckigen Hunden können Sie das Apportel auch wieder ein kleines Stückchen wegwerfen oder mit dem Fuß anstupsen. Gehen Sie wieder los und neben Sie Ihrem Hund den Dummy ab, bevor er ihn fallen lässt. Das können anfangs durchaus auch nur zwei Schritte sein. Je besser es funktioniert, desto weiter laufen Sie und desto mehr Richtungswechsel können Sie einbauen. Klappt das Tragen über 20 Schritte bereits gut, bleiben Sie unterwegs kurz stehen und gehen dann wieder weiter. Auch den Zeitraum des Stehenbleibens verlängern Sie schrittweise auf fünf bis zehn Sekunden. Steht der Hund mit dem Dummy im Fang ruhig neben Ihnen, können Sie ihm nun mit dem neuen Kommando „Aus" den Dummy abnehmen. Sie sagen „Aus" genau kurz vor dem Moment, in dem er den Fang öffnet.

DAS VORSITZEN UND HALTEN

Auch das Vorsitzen und Halten können Sie aus dem Training über die Bringfreude herleiten. Dabei arbeiten Sie nach dem Prinzip „Versuch und Irrtum". Sobald die Abgabe in die Hand in diversen Übungskonstellationen gesichert ist, können Sie versuchen, Ihren Hund sitzen zu lassen, anstatt ihm direkt den Dummy abzunehmen. Halten Sie ihm nicht wie gewohnt die Hand entgegen, sondern bleiben Sie gerade stehen und geben ihm per Handzeichen und verbal das Kommando zum Sitzen. Nun wird höchstwahrscheinlich Folgendes passieren: Ihr Hund schaut Sie irritiert an, lässt dann den Dummy fallen und setzt sich hin. Das ist zunächst vollkommen in Ordnung. Sitzen und Halten ist für Ihren Hund in dieser Situation noch keine mögliche Lösung, um eine Belohnung zu erhalten. Lässt er den Dum-

Der Hund nimmt das Apportel aus kurzer Distanz auf und gibt das Apportel direkt in die Hand des Führers.

my fallen, lassen Sie ihn einfach aus kurzer Distanz in die Hand abgeben und schließen so die Übung mit einer bereits etablierten Verhaltensweise ab. Das belohnen Sie wie gewohnt. Das Sitzen können Sie aus jeder Übung heraus versuchen einzuleiten. Aus dem Bringen, dem Zwischenapport und auch aus dem Tragen und Halten. Jeder Fehlversuch wird mit einer erneuten freundlichen und motivierenden Aufforderung zum Aufheben des Apportiergegenstandes beantwortet und mit einer Abgabe aus dem Stand in die Hand erfolgreich beendet. Ist Ihr Hund gut und aktiv bei der Sache, können Sie auch einen bis zwei weitere Fehlversuche provozieren. Bedenken Sie jedoch, dass jeder Fehlversuch Frust erzeugt. Das ist einerseits gut und notwendig, da der Hund nur so motiviert wird, eine neue Lösung zu erarbeiten. Andererseits führt ein zu hohes Maß an Frust dazu, dass der Hund aufgibt und resigniert. Sie müssen also darauf achten, was Sie Ihrem Hund in der Situation unter den gegebenen Bedingungen zumuten können. Gehen Sie ganz entspannt und ohne inneren Druck an die Sache heran. Auch wenn es einige Trainingseinheiten dauert, Ihr Hund wird sich irgendwann hinsetzen. Ist dieser Moment gekommen, warten Sie nicht zu lange, bis Sie ihm den Dummy abnehmen. Verlangen Sie also nicht direkt, dass er sekundenlang mit dem Dummy im Fang vor Ihnen sitzen bleibt. Sie müssen das Verhalten belohnen, sobald er es zeigt. Eine ausbleibende direkte Bestätigung würde Ihrem Hund suggerieren, dieses Verhalten sei nicht das Erwünschte und er lässt das Apportel wieder fallen. Hat das Hinterteil also den Boden erreicht, nehmen Sie ihm sofort mit „Aus“ den Dummy ab und freuen sich ordentlich. Ihr Hund wird sich nun immer zuverlässiger mit Dummy im Fang hinsetzen und Sie können beginnen, das Zeitintervall sekündlich zu steigern.

Zeigt der Hund die gewünschte Reaktion auf das Kommando „Sitz“, muss zügig bestätigt werden.

Das Halten klappt mit zunehmendem Training immer länger.

GENERALISIERUNG

Erlernte Verhaltensweisen müssen grundsätzlich durch Generalisierung (Verallgemeinerung) abgesichert werden. Dabei werden immer wieder neue Orte, neue Ablenkungsreize und neue Übungskonstellationen ins Training mit einbezogen. So entstehen jedes Mal kleine Konflikte für den Hund, die er bewältigen muss. Werden diese Konflikte überwunden und zugunsten der Kooperation entschieden, wird der Apport immer zuverlässiger, bis er schließlich nahezu automatisiert ohne jegliches Infragestellen ausgeführt wird. Dabei ist aber unerlässlich, dass Sie Ihren Hund in neuen Situationen immer über die Leine absichern, um, falls nötig, Einfluss nehmen zu können und zu verhindern, dass sich der Hund der Trainingssituation entzieht. Wenn Sie Ihren Hund aber mit ganz neuen Bedingungen konfrontieren, geben Sie ihm auch eine faire Chance, die Übung seinem Trainingsstand entsprechend erfolgreich abzuschließen. Wenn nötig, gehen Sie auch einen Trainingsschritt zurück, damit Ihr Hund den Konflikt bewältigen kann. Haben Sie zum Beispiel das Bringen von drei Apportiergegenständen bereits gut eingearbeitet und bringt sie Ihr Hund sicher und zügig inklusive Vorsitzen und Halten, kann es nötig sein, bei einem vierten Gegenstand, der durch eine besondere Reizlage eine ganz neue Herausforderung birgt, die Ansprüche innerhalb der ersten Trainingsschritte wieder zu senken. Vielleicht müssen Sie erneut bei Schritt eins ins Training einsteigen und sich dann schrittweise wieder den alten Status quo erarbeiten. Da Ihr Hund aber grundsätzlich bereits den Weg zum Erfolg kennt, werden alle Schritte vergleichsweise schnell abgeschlossen sein.

01 Herausforderung durch Überspringen von Hindernissen

02 Der direkte Weg ist versperrt – jetzt nicht aufgeben!

03 Hier hat der Hund die Qual der Wahl.

Apportieren unter Ablenkung im Gruppentraining

01

02

03

WENN DER HUND DIE KOOPERATION VERWEIGERT

Bei der gezielten Förderung und Ausformung der Bringfreude sind Sie als Ausbilder von der aktiven Mitarbeit des Hundes abhängig. Anders als beim Zwangsapport, bei dem der Hund in den ersten Trainingseinheiten weitaus passiv ist und Sie ihm buchstäblich den Dummy ins Maul legen, brauchen Sie bei der Bringfreude von Anfang an einen aktiven und motivierten Hund mit maximaler Kooperationsbereitschaft. Wie diese hergestellt werden kann, wurde bereits beschrieben. Was aber tun, wenn diese trotz aller Bemühungen Ihrerseits zu wünschen übrig lässt? Überprüfen Sie als Erstes die Faktoren Belohnung, Reizlage und Bewegungsradius und passen Sie sie, wenn nötig an. Solange sich der Hund im Lernprozess befindet und das Verhalten nicht gesichert eingearbeitet ist, liegt die Ursache für mangelnde Mitarbeit oft in einer unangemessenen Aufgabenstellung aufgrund zu hoher Erwartungshaltung des Menschen. Verhalten wird als gesichert vorausgesetzt, obwohl es längst noch nicht so weit ist. Zwischenbelohnungen werden häufig zu früh weg gelassen mit der Begründung, das müsse der Hund mittlerweile ohne Belohnung machen. Natürlich müssen Sie Ihren Hund, sobald das erlernte Verhalten gefestigt ist, nicht mehr für jede Ausführung belohnen. Bis dahin sind allerdings erheblich mehr als zehn erfolgreiche Trainingseinheiten im Garten notwendig. Die Reizlage wird ebenso gerne unterschätzt. Eine unbekannte Wiese oder ein zweiter Hund beim Training können sich bereits merkbar auf die Leistungsbereitschaft auswirken. Statt auf Biegen und Brechen auf eine bestimmte Ausführung zu bestehen, können Sie lieber etwas weniger verlangen und dafür ein Erfolgserlebnis schaffen.

Auch der frühzeitige Verzicht auf die lange Leine zur Absicherung kann besonders in Kombination mit Unterschätzung der Reizlage ungünstige Situationen herbeiführen. Nutzen Sie die Leine lieber einmal zu oft als zu selten. Nur so können Sie kleine Aussetzer schnell und souverän unterbinden. Trotz bester Voraussetzungen und besonders während der allmählichen Steigerung der Ansprüche, kann es durchaus vorkommen, dass sich Ihr Hund der Trainingssituation verweigert. Hier besteht ein Interessenskonflikt, indem der Hund lieber etwas anderes tun würde, als Ihr Kommando auszuführen. Diese Konflikte können und sollten im Hundetraining nicht vermieden werden, denn gerade sie sind wichtig, um die Ausführung von Verhaltensweisen abzusichern. Sollte Ihr Hund nun ein Kommando nicht ausführen, dann hindern Sie ihn als erste Maßnahme daran, etwas anderes zu tun. Die lange Leine ist dabei das erste Mittel der Wahl. Läuft Ihr Hund zum Beispiel am Dummy vorbei und erkundet lieber die Gegend, sammeln Sie ihn nach einem kurzen „Nein" einfach wieder ein. Vermeiden Sie dabei, ihn wiederholt zu rufen oder vergeblich weitere Apportkommandos zu geben. Das Kommando wurde von Ihnen bereits einmal gegeben und sollte dann auch ausgeführt werden. Weitere Wiederholungen des Kommandos schwächen dessen Gültigkeit ab. Wird das Kommando wie in diesem Fall nicht ausgeführt, brechen Sie die Übung ab und starten Sie sie komplett neu. Setzen Ihren Hund also wieder hin, nehmen den Dummy wieder auf und legen ihn erneut aus. Jetzt können Sie Ihren Hund wieder schicken. In den meisten Fällen werden Sie spätestens nach dem zweiten oder dritten Mal Erfolg haben und Ihr Hund merkt, dass es lohnender ist, Ihr Kommando zu befolgen. Danach können Sie ihm als zusätzliche Belohnung auch Freilauf auf dem Trainingsgelände gewähren. Verhält sich der Hund im Training nahezu ignorant und blendet

Sitzen und Halten klappt.

Sie und Ihre Angebote förmlich aus, hilft mitunter ein Wechsellauf an der fünf Meter lang gehaltenen Leine. So dringen Sie wieder in das Bewusstsein Ihres Hundes ein und schaffen Orientierung, die für ein kooperatives Training wichtig ist. Dazu halten Sie die Leine des Hundes auf etwa fünf Meter Länge fest und laufen zügigen Schrittes über das Trainingsgelände. Dabei achten Sie darauf, dass Ihr Hund immer hinter Ihnen bleibt und machen viele Richtungswechsel. Ein Richtungswechsel kann immer erfolgen, spätestens aber, wenn Ihr Hund im Begriff ist, Sie zu überholen. Bleibt er stehen, nehmen Sie ihn ungezwungen einfach mit, sobald das Ende der Leine erreicht ist. Während dieses Zick-Zack-Laufs, bei dem Sie kommentarlos mit dem Hund im Schlepptau Ihrer Wege gehen, wird sich Ihr Hund nach einiger Zeit an Ihnen orientieren. Sobald er wieder Blickkontakt zu Ihnen aufnimmt, können Sie das bestätigen, indem Sie ihm ein Kommando geben. Je nach Trainingsstand des Hundes können Sie jetzt einen Dummy hervorholen und ihm direkt

Abgeben des Apportels auf Kommando „Aus“

eine Apportierübung anbieten. Dabei darf er entweder direkt hinter dem Dummy her laufen oder soll vorher sitzen. Auch den Wechsellauf können Sie gegebenenfalls zwei bis drei Mal wiederholen. In ganz hartnäckigen Fällen kann es sinnvoll sein, die komplette Trainingssequenz zunächst zu beenden. Je nach Situation beenden Sie dann Ihren Spaziergang an kurzer Leine, gehen nach Hause bzw. ins Haus oder bieten Übungen aus anderen Arbeitsbereichen an. In solch einer Verweigerungssituation bleibt natürlich auch die gewohnte Belohnung aus. Das ist dann unter Umständen die komplette Mahlzeit. Warten Sie in diesem Fall aber nicht zu lange, bis Sie Ihrem Hund eine neue Chance zur Mitarbeit eröffnen.

TIPP

Bleiben Sie dem unkooperativen Hund gegenüber immer fair! Werden Sie ungeduldig oder gar wütend, ist eine Trainingspause das beste Mittel der Wahl!

VOR- UND NACHTEILE

Beim Training über die Bringfreude und deren Ausbau haben Sie den Vorteil, dass Sie eine in Grundzügen bereits vorhandene Verhaltensweise schlichtweg fördern und somit formen können. Der Einstieg ins Training kann bereits im Welpenalter mit 8 Wochen erfolgen. Da Sie hauptsächlich über Belohnung arbeiten und nur leichte Hilfen geben, ist die Motivation des Hundes beim Üben hoch und der Frust bleibt gering beziehungsweise ist durch die gezielte Anpassung des Schwierigkeitsgrades im Training in seiner Intensität gut steuerbar. Im Idealfall ergibt sich sehr schnell ein vorzeigbares Ergebnis, welches ebenso schnell ausgebaut werden kann. Nachteilig sind unter Umständen die vielen Faktoren, die beim Training zusätzlich berücksichtigt werden müssen. Die Wahl des richtigen Apportiergegenstandes, das Leinenhandling und die Erzeugung der Eigenmotivation des Hundes stellen mitunter hohe Ansprüche an den Menschen.

CLICKERTRAINING UND APPORTIEREN

Der Apport aber auch Teilbereiche des Apportierens, zum Beispiel das Halten, lassen sich gut über das Clickertraining aufbauen.

Der Apport aber auch Teilbereiche des Apportierens, zum Beispiel das Halten, lassen sich gut über das Clickertraining aufbauen. Hierbei wird die Handlungskette ähnlich wie beim Zwangsapport von hinten aufgebaut, allerdings mit dem großen Unterschied, dass der Hund über Eigenmotivation und positive Verstärkung selbstständig den Schlüssel zum Erfolg finden muss. Hunde, die über den Beutetrieb schlecht zu motivieren sind oder, im Gegenteil, so stark hochdrehen, dass sie nicht in der Lage sind, einen Apportiergegenstand ohne Werfen, Schütteln oder Knautschen aufzunehmen, können durch den Aufbau mit dem Clicker dennoch gut an das Apportieren herangeführt werden. Manchmal hakt es aber auch nur an der Abgabe in die Hand oder dem Vorsitzen und Halten. Klappt dementsprechend das reine Bringen über den Beutetrieb gut, hapert es aber am Timing bei dem Aufbau der korrekten Abgabe, dann kann dieser Teil mit dem Clicker gesondert aufgebaut und dann als erlernter Lösungsansatz später hinzugefügt werden. Den Clicker als Hilfsmittel benutzen Sie lediglich in der Anlernphase in extra dafür vorgesehenen Trainingssequenzen. Sobald das Verhalten zuverlässig gezeigt und mit einem Kommando verknüpft werden kann, können Sie den Clicker weglassen und durch verbales Lob und die bekannte Belohnung ersetzen.

Ein gleichbleibender Ort für die Clickereinheiten

DIE KONDITIONIERUNG

Bevor Sie mit dem Clickertraining beginnen, müssen Sie das Geräusch des Clickers bei Ihrem Hund klassisch mit der Gabe von Futter konditionieren. Sie können natürlich auch Markerworte oder mundgemachte Geräusche benutzen, allerdings ist der Click als neutrales, emotionsloses und naturfremdes Geräusch grundsätzlich am besten geeignet.

Konditionierung des Hundes auf den Clicker ist Voraussetzung.

Der Hund erwartet den Erhalt des Leckerchens. Die Erwartung ist bereits Bestätigung.

Selbst ein Schnalzen der Zunge kann unter Umständen im allgemeinen Sprachgebrauch vorkommen und je nach Verfassung des Erzeugers variieren. Wählen Sie für die Konditionierung eine möglichst ablenkungsfreie Umgebung. Clickern können Sie hervorragend als Indooraktivität anbieten und so auch unangenehme Schmuddeltage, dunkle Wintermonate oder Phasen, in denen Ihnen oder Ihrem Hund weniger Bewegung möglich ist, sinnvoll nutzen. Bevor Sie nun mit dem eigentlichen Training beginnen können, konditionieren Sie das Clickgeräusch über drei bis vier Trainingseinheiten, in denen Sie jeweils 20 bis 30 Kekse vergeben. Stellen Sie dazu eine Schüssel mit Futter in unmittelbarer Nähe auf einen Tisch oder halten Sie das Futter gut erreichbar in einer Futtertasche bei sich. Halten Sie bitte während des Clickens die Futterbrocken nicht bereits in der Hand. Dadurch fokussiert sich Ihr Hund zu stark auf den Keks in Ihrer Hand oder beginnt, ihn durch Stupsen oder ähnliches Verhalten einzufordern.

Seine Aufmerksamkeit soll ganz der Lernaufgabe gelten. Ist der Hund körperlich und geistig bei Ihnen, geben Sie ein Clickgeräusch, greifen zum Futter und geben es ihm. Sie können Ihrem Hund das Futter direkt ins Maul geben oder auch vor Ihrem Hund auf den Boden fallen lassen. Die zweite Variante ist immer dann vorteilhaft, wenn Sie Ihren Hund beim Training nach dem Click wieder aus einer statischen Position herausholen wollen. Wiederholen Sie diese Prozedur auch an unterschiedlichen Orten im Haus oder im Garten. Nach kurzer Zeit werden Sie merken, dass Ihr Vierläufer auf das Clickgeräusch mit einer erhöhten Aufmerksamkeit und Erwartungshaltung reagiert. Jetzt können Sie das zielgerichtete Training beginnen.

FREE SHAPING – FREIES FORMEN

Das freie Formen gleicht ein wenig dem Prinzip des Topfschlagens. Sobald Sie den Clicker in die Hand nehmen und eine Trainingssequenz starten, weiß Ihr Hund, dass er eine Verhaltensweise zeigen muss, um einen Click bei Ihnen hervorzurufen. Er muss dabei aber eine bestimmte Richtung einschlagen, um am Ende das Ziel zu erreichen. Die richtige Richtung wird belohnt, die falsche Richtung nicht. So nähern Sie sich mit den Hinweisen warm und kalt, Click oder Nicht-Click immer weiter an. Ihr Hund kommt mit Ihrer Hilfe von selbst darauf, welches Verhalten zu einer Belohnung führt. Komplexe Verhaltensweisen werden dazu in viele Bausteine zerlegt, die schrittweise aufeinander gebaut werden und am Ende das erwünschte Verhalten darstellen. Mithilfe des Clickers können Sie mit exaktem Timing Baustein eins belohnen. Das machen Sie so lange, bis dieses Teilverhalten zuverlässig und wiederkehrend gezeigt wird. Dann setzen Sie die Belohnung aus und warten. Das Ausbleiben der Belohnung führt bei Ihrem Hund zu Frust und er wird das zuvor belohnte Verhalten in einer gesteigerten Intensität zeigen. Sobald dies Ihrem erwünschten Endverhalten einen Schritt näherkommt, belohnen Sie wieder über den Click. Sie wiederholen alles Baustein für Baustein, bis das erwünschte Verhalten geformt ist. Hunde, die bereits in jungem Alter an das freie Formen herangeführt werden, entwickeln oft eine hohe Eigenmotivation und Aktivität in den Trainingssequenzen. Mit ihnen lassen sich sehr einfach Verhaltensweisen formen, sofern man selbst ein gutes Gespür für das richtige Timing hat.

DIE BAUSTEINE DES APPORTIERENS

Stellen Sie zunächst eine Lernatmosphäre her, bei der sich Ihr Hund aufmerksam in Ihrer unmittelbaren Umgebung aufhält. Sobald Sie den Clicker in die Hand nehmen, wird Ihr Hund wahrscheinlich ohnehin schon in freudiger und aufmerksamer Erwartung vor Ihnen stehen. Es gilt jetzt zunächst, Ihrem Hund klarzumachen, dass es um einen Apportiergegenstand geht. Wenn Sie parallel die Bringfreude fördern, sollten Sie für das Clickertraining einen gesonderten Dummy benutzen und die damit neu erlernte Verhaltensweise erst später mit den anderen Apporteln generalisieren. So ist für Ihren Hund eindeutiger, dass es sich um eine ganz neue Übung handelt. An dieser Stelle können Sie bei Bedarf auch das Placeboard oder den Tisch einsetzen. In diesem Fall clickern Sie als Erstes das Einnehmen und Bleiben an dem Ort. Wenn Sie ohne diese Hilfsmittel arbeiten möchten, können Sie Ihren Hund aber auch für das freie Sitzen vor Ihnen bestätigen und dann mit dem Dummy starten. Stellen oder setzen Sie sich vor Ihren Hund, halten Sie ihm den Apportiergegenstand etwa auf Kopfhöhe hin und bestätigen Sie nun mit dem Clicker Ihren individuellen Baustein Nummer 1. Welcher das ist und wie viele Bausteine Sie aufeinanderstapeln müssen bis zum erwünschten Verhalten, kann von Hund zu Hund unterschiedlich sein.

Eine mögliche Aufbaukette könnte folgendermaßen aussehen:

1. Dummy anschauen
2. Dummy mit der Nase berühren
3. Dummy mit geöffnetem Maul umschließen
4. Dummy kurz ganz in den Fang nehmen

Der Hundeführer hält dem Hund das Apportel hin.

Der Hund hat das Apportel aus der Hand des Hundeführers aufgenommen.

Nun soll der Hund das Apportel selbstständig aufnehmen.

Der Hund nimmt das Apportel selbstständig auf und hält es fest.

5. Dummy kurz selbstständig halten
6. Dummy länger selbstständig halten
7. Dummy vom Boden aufnehmen und kurz selbstständig halten
8. Dummy vom Boden aufnehmen und länger selbstständig halten
9. Dummy vom Boden aufnehmen und länger selbstständig halten und sich wieder hinsetzen mit Dummy im Fang
10. Die Distanz zwischen Mensch und Hund wird meterweise vergrößert. Hund nimmt den Dummy selbstständig vom Boden auf und trägt ihn als Zwischenapport zum Menschen und sitzt vor.
11. Die Distanz des Tragens wird immer größer.
12. Hund und Mensch starten nebeneinander und der Dummy wird meterweise entfernt ausgelegt.
13. Hund holt den Dummy aus größerer Entfernung.

DAS KOMMANDO

Sie fügen Ihr Kommando hinzu, sobald der Hund das gewünschte Verhalten zuverlässig und zielgerichtet zeigt. Haben Sie sich den Baustein „selbstständiges Aufnehmen des Apportels und anschließendes Vorsitzen" zuverlässig erarbeitet, können Sie nun genau in dem Moment, bevor Ihr Hund dieses Verhalten zeigen wird, das Kommando „Apport" geben. Sollten Sie lediglich das Vorsitzen und Halten mit dem Clicker aufbauen, ist es auch möglich, ein Kommando wie „Halt fest!" zu etablieren. Kommt Ihr Hund dann im Training über die Bringfreude mit dem Dummy zu Ihnen, können Sie nun, bevor er den Dummy fallen lässt, das entsprechende Kommando geben. Sollte er den-noch fallen lassen, können Sie ihn mit dem Halten-Kommando korrigieren und so die Apportierübung wie gewünscht beenden. Nach einigen Wiederholungen wird der Groschen fallen und alles fügt sich zu einem großen Ganzen zusammen. Das Signal zum Festhalten können Sie dann wieder ausschleichen lassen. Haben Sie innerhalb des Clickertrainings Ihr gesetztes Ziel erreicht und das Kommando verknüpft, können Sie beginnen, die Bestätigung über den Clicker durch ein verbales Lob und die anschließende Gabe einer Futterbelohnung zu ersetzen.

Frust kann sich durch Bellen äußern.

GENERALISIERUNG

Sobald Sie einen Apportiergegenstand erfolgreich eingearbeitet haben, generalisieren Sie weitere Dummys. Dafür kann es notwendig sein, wieder bei einem vorherigen Baustein einzusteigen und sich dann schrittweise zum letzten Baustein vorzuarbeiten. Da das Grundgerüst nun aber schon im Kopf Ihres Hundes vorhanden ist, wird es auch in der Einarbeitung mit neuen Gegenständen sehr schnell Fortschritte geben. Sobald Sie in reizvollerer Umgebung und auf größere Entfernung mit dem Hund arbeiten, denken Sie bitte wieder an die Absicherung mit der langen Leine, um unmittelbar reagieren zu können, wenn Ihr Hund plötzlich anderes im Sinn hat.

VOR- UND NACHTEILE

Beim Clickertraining ist das Motivationsniveau des Hundes auf einem sehr hohen Level. Die Tatsache, dass er selbstwirksam eine Lösung gefunden hat, erzeugt ein begeisterndes Gefühl, welches nachhaltig mit der Verhaltensweise abgespeichert wird. Das Training im Nahbereich ermöglicht es, jeden Baustein sehr genau und gezielt einarbeiten zu können, ohne dass sich Formfehler einschleichen können. Der Übergang zu den einzelnen Bausteinen kann allerdings zu großem Frust führen, wenn die Belohnung ausbleibt. Manche Hunde entwickeln dadurch Übersprungsverhalten und gesteigerte Unruhe. Die oder der Ausbilder/in braucht ein sehr gutes Timing und ein gutes Vermögen, die erwünschte Verhaltensweise genau für den eigenen Hund passend in die nötigen Bausteine zu zerlegen. Neben den übereifrigen gibt es aber auch die passiven Hunde, die einfach zu wenige Verhaltensweisen selbstständig anbieten. Auch das führt dann zu Frust bei Hund und Mensch.

DER ZWANGSAPPORT

Der Zwangsapport ist weitläufig immer noch die gängigste Methode in der Jagdhundeausbildung, um Hunden das Apportieren beizubringen.

Da Sie früher oder später mit Sicherheit damit konfrontiert werden, ist es wichtig zu wissen, wovon in diesem Fall gesprochen wird und was definitiv nicht zum Zwangsapport gehört.

WAS BEDEUTET ZWANGSAPPORT?

Im Vordergrund steht bei dieser Methode die negative Verstärkung. Der Hund wird in einen Zustand gebracht, der ihm leichtes Unbehagen verursacht und bekommt die Möglichkeit, dieses zu beenden, indem er das erwünschte Verhalten zeigt. Im Fall des Apports wäre das im ersten Schritt das Halten eines Gegenstandes. Befürworter des Zwangsapports argumentieren häufig, der Hund würde ausschließlich über den Druck während der Anlernphase zum später zuverlässigen Apporteur. Klar ist aber auch, dass der Hund seinen Ausbilder durchaus als Quelle des Ungemachs realisiert, was diverse Nachteile haben kann. Eine schlechte Lernatmosphäre, Vertrauensverlust oder das spä-

Auch bei der Wasserarbeit muss der Hund bringen wollen.

Jede Wildart muss dem Hund vertraut gemacht werden.

tere bewusste Meiden der Tätigkeit, wenn der Hund nicht mehr im geistigen und körperlichen Einwirkungsbereich seines Ausbilders arbeitet. Vor allem, wenn Sie in Ihrem gesamten alltäglichen Auftreten nicht als souveräne Leitperson wahrgenommen werden und bei der Ausbildung plötzlich eine unerklärliche, schwer einzuordnende Härte an den Tag legen. „Cessante causa cessat effectus." (Fällt die Ursache fort, entfällt auch die Wirkung.) Der Zwang, der im Nahbereich während des Trainings erzeugt werden kann, ist in der Ferne nicht bei jedem Hund abzubilden, und einige Vierläufer nutzen dann die gewonnene Freiheit, um sich der Tätigkeit zu entziehen. Ohne Eigenmotivation beim Hund zu erzeugen und ohne Bindung, werden Sie auch mit dieser Methode im Training irgendwann nicht weiterkommen. Sehr wichtig ist auch ein gutes Fingerspitzengefühl und Timing. Dies ist natürlich bei jeder Art von Training der Schlüssel zum Erfolg, aber beim Training über negative Verstärkung können Sie durchaus Fehler machen, die später nicht so leicht auszubügeln sind. Erzeugen Sie im Training einen zu starken unangenehmen Reiz und ist Ihr Timing ungenau, sodass für den Hund nicht klar zu verstehen ist, durch welche Handlung er diesen Reiz abstellen kann, kann dies zu einer erlernten Hilflosigkeit führen. Hierbei bekommt das Individuum das Gefühl, durch sein eigenes Handeln die äußeren Umstände nicht beeinflussen zu können. In der Folge wird jegliche aktive Tätigkeit eingestellt und die Situation lediglich ausgehalten. Ein Lerneffekt tritt somit natürlich nicht ein. Außerdem kann die Erzeugung eines unangenehmen Reizes verständlicherweise auch zu einer Gegenwehr führen. Besonders, wenn dessen Intensität zu stark ist. Reagieren Sie auf diese Gegenwehr mit noch mehr Druck, befinden Sie sich schnell in einer Aufwärtsspirale der Aggression, und an das ursprüngliche Lernziel ist nicht mehr zu denken. Wichtig wäre zu diesem Zeitpunkt, einen Schritt zurückzugehen und die Grundvoraussetzungen zu ändern. Ein Zwangsapport muss penibel, moderat und kleinschrittig durchgeführt werden, damit das Lernziel erreicht werden kann und die Beziehung zwischen Hund und Halter nicht darunter leidet. Viel zu häufig wird hier zu schnell vorgegangen und mit zu starken aversiven Reizen gearbeitet. Eine gute individuelle Anleitung und Begleitung des Trainings Schritt für Schritt ist obligatorisch. Ich möchte keinen Hehl daraus machen, dass der Zwangsapport für mich nicht die Methode der Wahl ist. Zu groß ist aus meiner Sicht besonders für Laien die Gefahr, während des Lernprozesses etwas falsch zu machen und negative Verknüpfungen herzustellen, die nicht mehr so leicht zu verändern sind. Ziel sollte ein zuverlässiger, aber auch freudiger Apport sein, mit dem ersichtlichen Wunsch des Hundes zur Zusammenarbeit. Wird das „Müssen" über alles gestellt, ist es wichtig, aus dem grundsätzlich vorhandenen „Wollen" keinen Unwillen entstehen zu lassen.

GRUNDVORAUSSETZUNGEN

Bevor Sie mit dem Training im Zwangsapport beginnen, sollte der Zahnwechsel des Hundes abgeschlossen sein. Da Sie je nach Vorgehensweise Druck auf die Lefzen und das Gebiss ausüben, sollten Sie die Auswirkungen und Intensität Ihrer Handlungen kalkulieren können. Ein lockerer Zahn oder wundes Zahnfleisch kann schnell zu überschießenden Reaktionen führen. Des Weiteren ist es wichtig, dass Sie vor dem Apportiertraining mit Ihrem Hund üben, längere Zeit geduldig vor Ihnen zu sitzen und sich dabei an Kopf und Fang berühren zu lassen, ohne sich dabei ständig abwenden oder gar entziehen zu wollen. Ist das nicht der Fall, wird alles Weitere zu einer hampeligen Tortur und Ihr Hund begreift zunächst nicht, worum es überhaupt geht. Erst wenn Sie also den vor Ihnen sitzenden Hund am Kopf streicheln, über den Fang greifen und die Zähne berühren können und er dabei längere Zeit stillhält, können Sie mit weiteren Schritten beginnen.

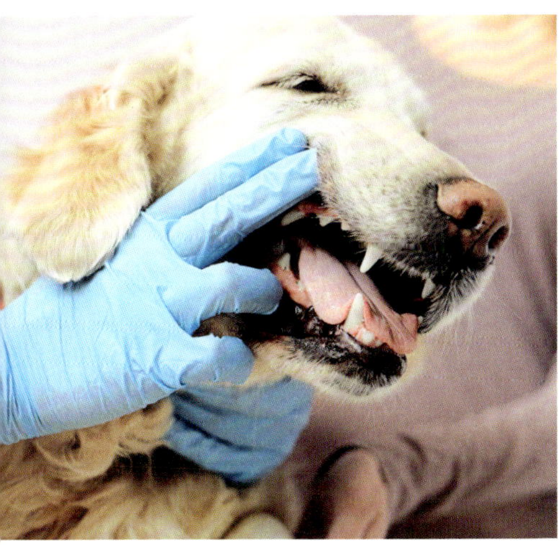

Der Zwangsapport sollte erst nach dem Zahnwechsel eingesetzt werden.

DAS DULDEN

In der einschlägigen Literatur gibt es viele detaillierte Beschreibungen, wie Sie beim Zwangsapport vorgehen können. Die Klassischste ist mit Sicherheit, mit dem Dulden der Hand im Fang zu beginnen. Dieser Schritt ist insofern sinnvoll, da er eine Erweiterung der bereits bekannten Berührung mit der Hand ist und Sie die wirkenden Kräfte sowohl auf den Hund als auch auf die Hand sehr gut einschätzen können. Sie üben nun also äußerlich von oben Druck auf die Lefzen aus und schieben dann die ersten zwei bis vier Finger der linken Hand mit der Handfläche nach unten in den Fang. Sofort lässt der Lefzendruck nach und Sie können den Hund loben, solange er die Hand im Fang behält. Starten Sie mit wenigen Sekunden und steigern dann mit der Zeit auf ungefähr eine Minute. Aufkommende Widerstrebungen des Hundes sollten nun keinesfalls mit mehr Druck oder Zuhalten der Schnauze quittiert werden. Hier ist Geduld gefragt, bis der Hund das Prozedere stoisch über sich ergehen lässt. Zu Beginn kann es durchaus sein, dass an ein Dulden der Hand tatsächlich kaum zu denken ist. Der Vierläufer ist vielmehr bestrebt, den Fremdkörper mit der Zunge aus dem Maul zu hebeln. Daher müssen Sie wirklich mit Sekunden beginnen. Sobald ein kurzes Dulden funktioniert, sagen Sie beim Einschieben der Hand „Apport" und beim Herausnehmen „Aus". Sobald dieser Trainingsschritt abgeschlossen ist, kommen Apportiergegenstände ins Spiel.

DAS DULDEN DES APPORTELS

Der erste Apportiergegenstand sollte möglichst leicht und griffig sein. Der Griffbereich nicht zu hart und von zunächst geringem Umfang. Statt der Hand wird nun unter dem Lefzendruck das Apportel in den Fang geschoben und mit der rechten Hand greifen Sie unter den Fang und verhindern so ein Herauswerfen des Apportels. Auch in diesem Ausbildungsabschnitt steigern Sie das Zeitintervall schrittweise.

DAS HALTEN

Vom Dulden geht es dann ins Halten über. Dazu entfernen Sie langsam die Hand unter dem Fang. Sollte der Unterkiefer des Hundes langsam runtergehen und das Apportel drohen herauszufallen, stabilisieren Sie wieder mit der Hand unter dem Fang. Wird das Apportel fallen gelassen, beginnen Sie wieder von vorn und verkürzen den Zeitraum des freien Haltens wieder.

DAS TRAGEN

Nun muss der Hund lernen, dass es beim Kommando „Apport" nicht nur darum geht, das Apportel sitzend im Fang zu halten, sondern es seinem Menschen zuzutragen. Ihr Hund sitzt nun also vor Ihnen und hält das Apportel im Fang. Jetzt gehen Sie wenige Schritte rückwärts, locken den Hund zu sich und ziehen ihn dabei gegebenenfalls mit der Leine zu sich heran. Lassen Sie ihn dann wieder sitzen und nehmen ihm den Dummy wie gehabt ab. Sollte Ihr Hund das Apportel fallen lassen, geben Sie ihm den Gegenstand ruhig und besonnen wieder in den Fang. Parallel dazu trainieren Sie das Tragen an der Leine neben Ihnen her. Sie stellen sich also neben den sitzenden sowie den Dummy haltenden

Hund und gehen mit dem Kommando „bei Fuß“ langsam los. Trägt Ihr Hund den Dummy neben Ihnen her, bleiben Sie nach wenigen Schritten stehen, gehen vor den Vierbeiner, lassen ihn sitzen und nehmen den Gegenstand ab. Auch hier reagieren Sie, sobald der Hund fallen lässt, und korrigieren ihn, indem Sie ihm den Dummy wieder in den Fang schieben. Wenn sowohl bei der einen als auch bei der anderen Trageversion wenige Schritte einwandfrei funktionieren, können Sie in kleinen Schritten die Distanz vergrößern.

SELBSTSTÄNDIGES GREIFEN

Dies ist ein recht schwieriger Schritt in der Ausbildung, da der Hund bisher vollkommen passiv war und mehr oder weniger die Dinge mit sich geschehen lassen musste. Nun soll er eigene Aktivität entwickeln, die vorher nicht erwünscht war. Haben Sie bis dahin mit zu viel Druck gearbeitet oder fühlte sich Ihr Hund zu stark situativ dominiert, kann das weitere Training schwierig werden. Denn der eine oder andere Hund

Der korrekte Griff des Apportels muss vom Hund erlernt werden.

wird in seiner Eigenständigkeit blockiert sein und Probleme haben, aus dieser Passivität herauszukommen. Sie legen nun am besten den Apportiergegenstand auf Ihren Handteller und halten ihn dem Hund vor den Fang, mit der anderen Hand erzeugen Sie das Öffnen des Fangs, geben das Kommando „Apport" und lassen den Gegenstand regelrecht hineinrollen. Sobald Ihr Hund ansatzweise selbstständig das Maul öffnet, muss jeglicher Druck Ihrerseits sofort aufhören. Das machen Sie nun so lange, bis Ihr Hund auf Kommando das Maul öffnet, um den hingehaltenen Gegenstand entgegenzunehmen. Anschließend halten Sie das Apportel Zentimeter für Zentimeter weiter von der Schnauze des Hundes weg. Bewegt sich Ihr Hund aktiv auf den Apportiergegenstand zu und greift, halten Sie das Apportel auch wieder in kleinen Schritten weiter nach unten. Schließlich sollte Ihr Hund den Gegenstand selbstständig aufnehmen, wenn Sie ihn knapp über den Boden halten.

SELBSTSTÄNDIG VOM BODEN AUFNEHMEN

In diesem Trainingsschritt geht es vor allem darum, die Hand, die bisher immer das Apportel festgehalten hat, abzubauen. Dafür halten Sie wieder in kleinen Schritten die Hand immer etwas weiter vom Dummy weg, bis Sie schließlich lediglich auf den Dummy zeigen. Sofern das Aufnehmen aus dieser Position klappt, treten Sie selbst Schritt für Schritt weiter zurück, bevor Sie das Kommando „Apport" geben. So kommt der Dummy zwischen Ihnen und dem Hund zu liegen und kann vom Hund aufgehoben und Ihnen zugetragen werden. Als Nächstes stehen Sie neben Ihrem Hund und legen den Dummy vor Ihnen aus. Zeigen Sie darauf und sagen „Apport". Nimmt der Hund auf, gehen Sie etwas zurück und lassen sich den Gegenstand zutragen und geben. Jetzt wird auch bei dieser Übung die Distanz kontinuierlich gesteigert. Bei allen Übungen ist der

Zunächst muss der Hund die Hand des Menschen im Fang dulden.

Auch außerhalb des Einwirkungsbereichs des Hundeführers muss es klappen.

Hund noch über eine lange Leine gesichert, um zu verhindern, dass er sich der Trainingssituation entzieht. Das Zutragen kann gegebenenfalls durch leichten Zug auf der Leine unterstützt werden.

LOB UND BELOHNUNG

Auch bei der Einarbeitung über negative Verstärkung, wie hier beim Zwangsapport, dürfen Sie durchaus Ihren Hund loben, wenn er das erwünschte Verhalten zeigt. Sie müssen allerdings sehr darauf achten, dass er das Loben nicht als Anlass nimmt, sein Verhalten abzubrechen. Sobald er dies tut, hört das Loben auf und Sie lassen ihn wieder halten. Auch eine Belohnung mit Futter ist nach abgeschlossener Handlungskette nicht verkehrt. Nehmen Sie Ihrem Hund den Apportiergegenstand mit „Aus" ab, dann können Sie sich freuen und unter Lob in die Tasche greifen und füttern. Wie bei allen Apportierübungen, gleich welcher Methode, müssen Sie aber immer darauf achten, dass die Erwartungshaltung an das Futter den Hund nicht veranlasst, frühzeitig den Dummy auszuspucken. Die Leckerchen sollten sich deshalb während des Trainings nie bereits in Ihrer Hand befinden, bevor Sie den Dummy angenommen haben.

GENERALISIERUNG

Auch die Einarbeitung über den Zwangsapport schließt nicht aus, dass Ihr Hund die erlernte Verhaltensweise auf andere Apportiergegenstände verallgemeinern lernen muss. Sind Sie also bei einem Trainingsapportel mit allen Trainingsschritten erfolgreich gewesen, müssen Sie sämtliche Schritte auch auf andere Apportiergegenstände und schließlich auf Wild bzw. die verschiedenen Wildarten übertragen. Die Anwendung der Methode „Zwangsapport" alleine bedeutet nicht, dass der mit dem Dummy oder Apportierholz ein- oder durchgearbeitete Hund nun auch alles andere sofort und sauber bringt. Auch wenn Ihnen das von manchen Ausbildern suggeriert wird.

VOR- UND NACHTEILE

Aufgrund der anfänglichen Passivität des Hundes bei den ersten Trainingsschritten lassen sich Fehler in der Einarbeitung im Nahbereich gut verhindern. Der Griff des Hundes ist gut von der Ausbilderin oder dem Ausbilder beeinflussbar. Ein zu festes, zu weiches oder unruhiges Greifen kann dadurch schnell unterbunden werden. Der „Zwang", also die im Training immer sehr starke Einwirkung des Menschen bei gleichzeitig erzwungener Passivität des Hundes, kann oder soll beim Vierläufer durchaus das Gefühl verinnerlichen, der Apport sei eine Tätigkeit, der man sich grundsätzlich nicht entziehen kann. Der Fokus liegt hier eindeutig auf dem „Müssen". Die Freude beim Training und der Ausführung der Tätigkeit ist beim Zwangsapport eher nebensächlich oder mitunter auch gar nicht erwünscht. Was die Einen nun als Vorteil erachten, kann allerdings genauso gut als Nachteil betrachtet werden. Der Zwang, das Ungemach, der Unwille gegen diese Übung bleiben langfristig für den Hund mit diesen Arbeiten verknüpft. Sie müssen es nun schaffen, die Arbeitsfreude Ihres Vierbeiners wieder herzustellen. Oftmals arbeiten sich die Hunde auf größere Distanzen wieder frei, sobald Sie allerdings in den Nahbereich des Menschen kommen und das Apportel abgeben müssen, ist die Durchführung zwar korrekt, allerdings merkbar langsamer und gehemmter und nicht von eigenem Willen zur Kooperation mit dem Menschen getrieben. Für die korrekte Anwendung des Zwangsapports brauchen Sie sehr viel Fingerspitzengefühl, um die Dosierung des aversiven Reizes individuell auf den Hund abzustimmen. Ist der Reiz zu stark, können Sie dem Hund schnell das Apportieren dermaßen verleiden, dass es sehr schwer wird, überhaupt noch einen Fuß in die Türe zu bekommen. Besonders Hunde, die dazu neigen, sich aus der Passivität befreien zu wollen, indem sie herumzappeln, den Kopf wegdrehen, die Zähne zusammenbeißen oder gar aggressiv werden, müssen mit viel Geduld und sehr kleinschrittig trainiert werden. Leider wird unter dem Deckmantel des Zwangsapports immer noch häufig zu Mitteln gegriffen, die nicht mehr mit dem Tierschutzgesetz vereinbar sind. Sobald Sie den Eindruck haben, Ihr Hund hat tatsächlich Schmerzen oder kann nur durch starken körperlichen Einsatz dazu gebracht werden, einen Gegenstand ins Maul zu nehmen, sind Sie auf dem falschen Weg. Spätestens wenn der Hund dem Ausbilder oder der Ausbilderin gegenüber im Training aggressives Verhalten zeigt, ist eine umfassende Bewertung der Situation und Anpassung des eigenen Verhaltens erforderlich. Hier darf keineswegs mit Aggression unter dem Motto, „jetzt muss sich der Mensch unbedingt durchsetzen", geantwortet werden. Das kann Sie ganz schnell in eine Situation manövrieren, die einerseits den Apport in weite Ferne rücken lässt und andererseits das Vertrauen Ihres Hundes in Sie nachhaltig zerstört. Wird der fehlende Eigenantrieb des Hundes in der Einarbeitungsphase bei Ausbildung mittels Zwangsapport später nicht kompensiert, kann der Nachteil entstehen, dass sich der Hund außerhalb des Einflussbereiches des Menschen versucht, der eingeforderten Tätigkeit zu entziehen. Auch Hunde, die im Zwangsapport eingearbeitet wurden, lassen Apportiergegenstände und Wild in ausreichender Entfernung zur Hundeführerin oder zum Hundeführer

Durch Druck auf die Lefzen wird das Verhalten des Hundes gesteuert.

liegen oder zeigen an den Menschen gerichtete Verhaltensweisen, wie Schütteln, Werfen oder Knautschen des Apportels. Zwar können Sie hier immer wieder im Einflussbereich einen Trainingsschritt zurückgehen und das korrekte Greifen und Tragen einfordern, damit beheben Sie allerdings nicht unbedingt langfristig die Ursache des unerwünschten Verhaltens, welches aus dem immer wiederkehrenden Konflikt des Hundes im Nahbereich herrührt.

TIPP

Für den Zwangsapport brauchen Sie besonders als Erstlingsführer eine gute Anleitung von einem erfahrenen Trainer. Bei kleinsten Problemen sollten Sie nicht selbstständig herumprobieren, da Fehler oft dauerhaft schaden können. Schmerzen und Gewalt gehören auch nicht zum Zwangsapport!

APPORT FÜR DIE JAGDLICHE PRAXIS

— *Arbeitsbereiche*

DISTANZKONTROLLE

Mit fortschreitendem Training bekommt der Jagdhund immer mehr Freiraum. Er soll zunehmend eigenständig und frei arbeiten.

Dabei verlassen Sie sich auf Ihre gewissenhafte Einarbeitung und die Tatsache, auch aus der Ferne noch mit Ihrem Vierläufer verbunden zu sein. Sind die Grundlagen des Apportierens gefestigt, beginnt der Abnabelungsprozess. Sie lassen Ihren Hund zunehmend freier arbeiten und verlassen sich auf Ihre gewissenhafte Einarbeitung und die Tatsache, auch aus der Ferne noch mit Ihrem Vierläufer verbunden zu sein. Während der ersten Schritte im Apportiertraining haben Sie mit Ihrem Hund immer unmittelbar in Ihrem Einwirkungsbereich gearbeitet. Sie konnten die Arbeit des Hundes genau beobachten und Einfluss nehmen, wenn er in der Durchführung der Übung von Ihren Vorgaben abgewichen ist. Dazu war der Vierläufer an der langen Leine gesichert, damit Sie Ihren Einfluss auch durchsetzen konnten. Sobald Ihr Hund verstanden hat, was Sie bei dem Kommando „Apport“ von ihm erwarten, können Sie die lange Leine unter gesicherten Rahmenbedingungen weglassen und die Übungen anspruchsvoller gestalten. Der Radius Ihres Hundes muss nun schrittweise immer größer werden. Dabei darf die kooperative Verbindung zwischen Ihnen und Ihrem Hund nie abbrechen. Wie in allen Trainingsbereichen gilt es, von reizarm zu reizreich in koordinierten Schritten voranzuschreiten. Dabei richten Sie den Übungsaufbau nach den Arbeitsbereichen aus, die Ihr Hund später in der Prüfung zur Brauchbarkeit und vor allem in der jagdlichen Praxis beherrschen soll. Dazu gehören die freie Suche nach nicht sichtig für den Hund versteckten Apporteln, die Arbeit auf der Schleppe oder einer Spur, die der Hund verfolgt und an dessen Ende er den Apportiergegenstand vorfindet, sowie in Grundzügen das Einweisen. Mithilfe des Einweisens können Sie Ihren Hund später bei der Suche dirigieren und Hilfestellung geben. Was an Land gut funktioniert, muss dann noch zu guter Letzt am Wasser eingearbeitet und geübt werden. Bei allen Arbeiten in Feld, Wald und Wasser ist eine gute Abrufbarkeit des Hundes Voraussetzung. Ein verlässliches Stoppsignal ist genauso sinnvoll.

Bei der Krähenjagd ist ein Jagdhund unverzichtbar.

Bereits im Welpenalter kann auf den Rückpfiff konditioniert werden.

Der Sitzpfiff wird in unmittelbarer Nähe zum Hundeführer eingeübt.

RÜCKPFIFF

Die Weichen für einen sicheren Rückpfiff stellen Sie idealerweise bereits im Welpenalter Ihres Hundes. Vielleicht hat sogar bereits der Züchter die Welpen bei der Zufütterung auf den Rückpfiff konditioniert. Beste Voraussetzungen, um langfristig ein zuverlässiges Abrufbarkeitssignal zu haben, wenn man in der Anlernphase ein paar Regeln beachtet.

1. Pfeifen Sie nie, wenn Sie sich nicht wirklich sicher sind, dass Ihr Hund kommen wird. Jeder Pfiff ins Leere verschlechtert langfristig die unmittelbare Ausführung. Im Zweifelsfall stellen Sie vor dem Pfiff sicher, dass Sie die Aufmerksamkeit Ihres Hundes haben, und locken Sie ihn anderweitig zu sich. Steigern Sie langfristig und kontrolliert die Ablenkungsreize, so wird das Abrufsignal nahezu automatisiert.
2. Belohnen Sie den Rückpfiff mit einem Highlight. Ein besonderes Futter, welches es nur für den Pfiff gibt, oder ein tolles Ball- oder Zerrspiel.
3. Arbeiten Sie den Rückpfiff in Verbindung mit Beuteersatzobjekten in dem Trainingsstand des Hundes angepassten Übungen bewusst ein und sichern Sie den Hund in den ersten Schritten bei der Abrufbarkeit von Wild mit der Leine ab. Nichts ist kontraproduktiver, als wenn sich der Hund nach einem nicht befolgten Rückrufsignal durch eine wilde Hatz selbst belohnen kann.

STOPPPFIFF

Den Stopppfiff verbinden Sie am besten mit einem statischen Signal wie „Sitz“ oder „Platz“. Arbeiten Sie den speziellen Pfiff zunächst als Synonym für das verbale Kommando ein. Dazu geben Sie zum Beispiel das Handzeichen für „Sitz“ und pfeifen, während Ihr Hund sich hinsetzt. Nach einigen Wiederholungen wird er sich ohne vorherige Handzeichen auf den Pfiff setzen. Wenn Sie Ihren Hund auf Distanz stoppen wollen, fangen Sie bei einem Meter an und trainieren zunächst in Meterschritten weiter. Ihr Hund wird aufgrund der Einarbeitung im Nahbereich bestrebt sein, zu Ihnen zu kommen, um sich dort in die Position zu begeben. Um dies zu verhindern, gehen Sie selbst immer konsequent auf Ihren Hund zu, sobald Sie pfeifen. Warten Sie nicht, bis der Hund auf Sie zuläuft und behalten Sie dieses körpersprachliche Blockieren lange bei. Anfangs werden Sie noch bis zu Ihrem Hund laufen müssen, doch mit der Zeit wird er sich setzen, bevor Sie den kompletten Weg zu ihm zurückgelegt haben. Belohnen Sie ebenfalls mit Futter oder einem Ballspiel. Dabei werfen Sie Ihrem Hund den Ball mit einem Freigabesignal zu, sodass er bestrebt bleibt, die Distanz zu Ihnen in Erwartung des Balles zu wahren. Wie beim Rückpfiff gilt, nicht ins Leere pfeifen und Übungen in Verbindung mit Beute bewusst und kleinschrittig einarbeiten.

FREIE SUCHE

Bei der freien Suche muss der Hund einen Apportiergegenstand finden, der für ihn nicht sichtbar in einem Suchengebiet von etwa 50 mal 50 Metern zu liegen gekommen ist.

Der Bewuchs des Gebietes ist so hoch, dass der Hund das Apportel bei der Suche nicht erblicken kann. Er muss lernen, das Suchengebiet gegen den Wind abzuarbeiten, um das Apportel mithilfe seiner Nase zu finden.

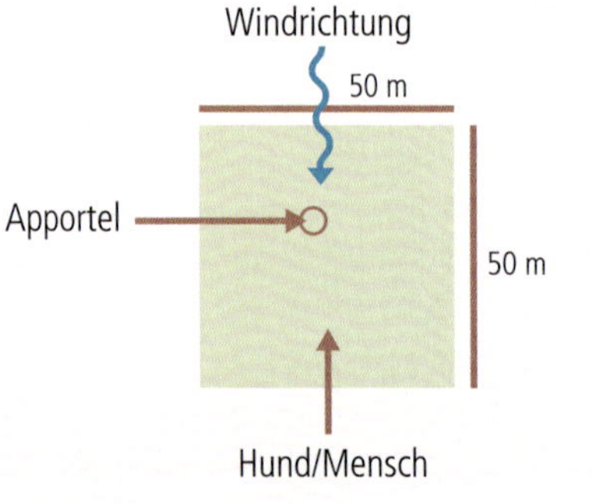

Suchengebiet und mögliche Fallstelle des Apportels

SUCHE MIT VISUELLEM IMPULS ETABLIEREN

Die erste Herausforderung besteht darin, den Hund auf Kommando in eine gezielte Suche zu schicken, in der er damit rechnet, einen Apportiergegenstand zu finden. Bisher ging im Training immer ein visueller Reiz des geworfenen oder weggelegten Dummys dem Apportieren voraus. Diesen visuellen Reiz müssen Sie nun abbauen, damit Sie Ihren Hund später blind zur Suche schicken können. Auf einigen Prüfungen dürfen Sie bei der Verlorensuche kein Apport-Kommando geben. Dadurch soll überprüft werden, ob der Hund auch ohne Kommando Verlorenes zuverlässig bringt. Daher müssen Sie ein Kommando für die Suche etablieren. Damit Ihr Hund aber überhaupt

Freie Verlorensuche im hohen Gras

Wichtig vor der Übung im Training: Hund und Mensch stellen sich auf die gemeinsame Arbeit ein.

Suchengebiet mit einem Apportel

eine Verknüpfung mit dem Wort „Such" herstellen kann, müssen Sie ihn zunächst zum Suchen bringen. Beginnen Sie mit dem Hund auf einem Gelände mit höherem Bewuchs, in dem er den sichtbar ausgeworfenen Dummy nicht mehr sehen kann. Die Distanz beträgt in den ersten Einheiten ungefähr fünf bis zehn Meter. Das ist ein wenig abhängig davon, wie alt der Hund ist und wie weit er sich grundsätzlich bereits von Ihnen entfernt. Sobald der Hund sucht, soll er schnell ein Erfolgserlebnis haben. Auch aus diesem Grund halten Sie die Distanz anfangs gering.

Die Größe des gesamten Suchengebietes beträgt also 5 x 5 bzw. 10 x 10 Meter. Die Übung leiten Sie mit einem neuen Startritual ein. Ihr Hund sitzt, sofern Sie Rechtshänder und Rechtsschütze sind, links neben Ihnen, ausgerichtet in Richtung des Suchengebietes. Sie werfen einen Dummy in hohem Bogen in die Fläche, während Ihr Hund dabei warten muss. So vermeiden Sie übrigens auch das Hinterlassen einer Spur, an der sich Ihr Hund bei der Suche orientieren kann. Weisen Sie mit der rechten Hand in die Suchrichtung und geben Sie das Kommando „Such – Apport". Sie setzen dabei das neue Kommando vor das bereits etablierte. Auf Apport wird sich Ihr Hund wie gewohnt in Bewegung setzen. Während er sucht, loben Sie ihn und geben dabei erneut das Kommando „Such". So legen Sie das Signal auf die gewünschte Tätigkeit. Hat der Hund den Dummy aufgenommen, bestätigen Sie ihn sofort über die Stimme mit Lob und belohnen wie gewohnt bei der Abgabe. Spätestens nach einigen Wiederholungen wird Ihr Hund bereits loslaufen, sobald Sie „Such" ausgesprochen haben. Jetzt können Sie allmählich das Kommando „Apport" weglassen.

DEN IMPULS VERBLASSEN LASSEN

Ihr Ziel ist es, dass Sie Ihren Hund blind ohne vorangegangenen Impuls zur Suche schicken können. Ohne Impuls wird er aber unter Umständen nur zögerlich und wenig zielgerichtet loslaufen. Sie können den Auslöseimpuls jetzt schrittweise abbauen, indem Sie Ihren Hund mehrmals hintereinander zur Suche schicken. Dazu müssen Sie mehrere Dummys zum gleichen Zeitpunkt auswerfen. Starten Sie die vorangegangene Übung, indem Sie für Ihren Hund statt einem, zwei Apportiergegenstände in das Suchengebiet auswerfen. Das erste Mal sollte sich Ihr Hund bei guter Vorarbeit problem-

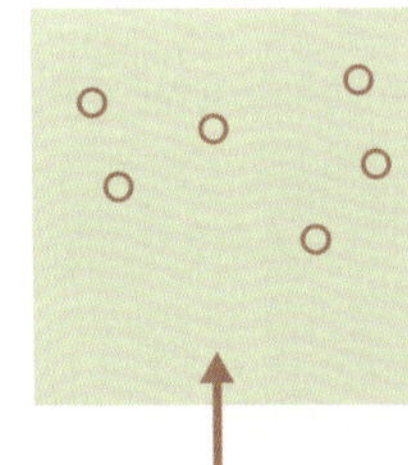

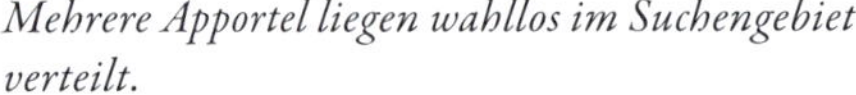

Mehrere Apportel liegen wahllos im Suchengebiet verteilt.

Dummys werden im Sichtbereich des Hundes auf noch kurze Distanz geworfen.

los schicken lassen. Hat Ihr Hund den ersten Dummy gebracht, richten Sie ihn erneut zum Suchengebiet aus und schicken ihn wie gewohnt ein weiteres Mal in die Suche. Entweder Ihr Hund läuft nun genauso enthusiastisch los wie beim ersten Mal, oder er setzt sich etwas zögerlicher in Bewegung. Solange er sich auf die Suche macht, ist alles gut. Lassen Sie ihn arbeiten! Da das Suchengebiet noch nicht sehr groß ist, wird Ihr Hund schnell in den Wind des zweiten Dummys kommen und erfährt dadurch seine Bestätigung. Er macht die Erfahrung, dass auch ohne den unmittelbar zuvor sichtbaren Impuls dennoch ein Gegenstand zu finden ist. Diese Übung wiederholen Sie in mehreren Trainingseinheiten so lange, bis Ihr Hund beim zweiten Mal genauso zuverlässig und zielgerichtet losläuft wie beim ersten Mal. Dann erweitern Sie die Übung um weitere Dummys, bis Sie Ihren Hund gut sechs bis zehn Mal wiederholt schicken können. Verteilen Sie dabei die Apportiergegenstände so, dass Ihr Hund an jeder Seite des Gebietes und über die gesamte Länge hinweg etwas finden kann.

OHNE IMPULS SCHICKEN

Sobald Sie Ihren Hund mit einmaligem Anfangsreiz mehrere Male schicken können, ohne dass sein Finderwille nachlässt, beginnen Sie, ihn blind in eine Suche zu schicken. Dazu müssen Sie die Apportel im Suchengebiet ausbringen, ohne dass Ihr Hund dies beobachten kann. Lassen Sie ihn dafür im Auto oder an einer Stelle warten, von der aus er Sie nicht beobachten kann.
Sie können auch einen Helfer bitten, mit dem Hund etwas weiter wegzugehen und ihn abzulenken. Werfen Sie wie gehabt für die ersten Einheiten zunächst einen bis zwei Apportel in das Suchengebiet und holen dann Ihren Hund, den Sie mit dem gewohnten Ritual und Kommando in die Suche schicken. Aufgrund der vorangegangenen ritualisierten Übungen wird er nicht lange zögern und zügig seine Suche starten. Auch in diesem Trainingsschritt steigern Sie allmählich die Anzahl der Apportiergegenstände, sodass Ihr Hund ein immer tieferes Vertrauen in Ihr Kommando entwickelt.

Mehrere Male hintereinander schickt der Hundeführer den Vierbeiner zur Suche.

DAS SUCHENGEBIET VERGRÖSSERN

Sucht Ihr Hund erfolgreich, planmäßig und zielgerichtet ein Suchengebiet von zehn mal zehn Metern ab, können Sie schrittweise das Suchengebiet vergrößern. Es ist wichtig, dass sich der Hund nicht „leersucht“, sondern durch einen gefundenen Apportiergegenstand bestätigt wird, bevor er erfolglos die Suche aufgibt und an Motivation verliert. Andererseits muss aber die Ausdauer der Suche immer weiter gesteigert werden. Macht Ihr Hund zunächst im Rahmen der vorangegangenen Übungen die Erfahrung, dass er immer etwas findet, wenn Sie ihn schicken, wird er auch immer länger und weiter suchen. So arbeiten Sie sich von 10 x 10 auf 15 x 15 bis letztlich 50 x 50 Metern vor. Bei der Vergrößerung des Suchengebietes müssen Sie allerdings darauf achten, dass Sie den Bereich nicht mit Ihrer Gehspur kontaminieren. Sie sollten also das Suchengebiet zum Ausbringen der Apportiergegenstände nicht betreten. Das kann nämlich dazu führen, dass sich Ihr Hund an Ihrer Spur orientiert und nicht von Anfang an gegen den Wind sucht. Solange das Suchengebiet noch Ihrer Wurfdistanz entspricht, ist das einfach umzusetzen. Nun müssen Sie die Apportel von hinten oder von der Seite werfend ausbringen. Idealerweise gehen Sie das Suchengebiet dann von vorn mit Ihrem Hund an, damit er auch auf dem Weg dorthin Ihre Spur nicht wahrnimmt. Reizen Sie dabei den Rahmen des Möglichen aus und denken Sie an die eben genannten Faktoren. Sie

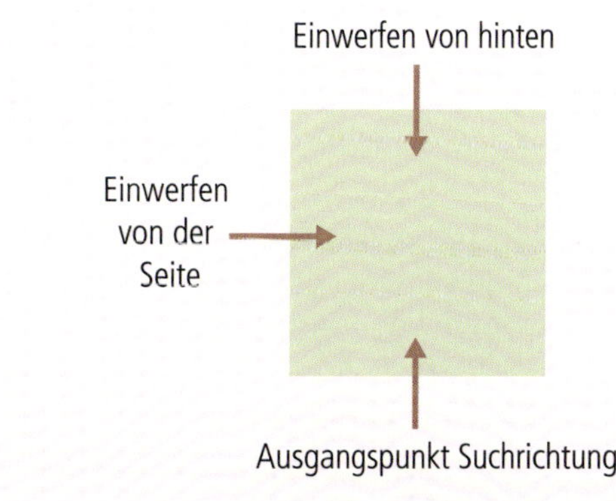

Führerfährten sollte man im Suchengebiet möglichst vermeiden.

Hilfen sind bei der Suche erlaubt.

müssen allerdings auch nicht das Unmögliche möglich machen. Wenn die Gegebenheiten es nicht anders ermöglichen, gehen Sie zum Ausbringen der Dummys auch mal ein paar Schritte in das Suchengebiet hinein oder laufen mit Ihrem Hund auf dem Weg zum Startpunkt über Ihre Spur. Absolut wichtig ist allerdings der Aspekt Wind. Der sollte immer grob von vorn kommen.

MÖGLICHE HERAUSFORDERUNGEN

Während des Trainings können durchaus Ihre Vorstellungen vom Verlauf der Übung vom tatsächlichen Verhalten Ihres Hundes abweichen. Das können und sollten Sie korrigieren, damit sich langfristig nichts Falsches einprägt.

VERLASSEN DES SUCHENGEBIETES

Der Hund verlässt das Suchengebiet in der Regel aus zwei verschiedenen Gründen. Möglicherweise hat er unterwegs etwas anderes Interessantes in die Nase bekommen. Hier greift die Einarbeitung in der Distanzkontrolle, denn sobald Sie das Gefühl haben, Ihr Hund hat nicht mehr seinen von Ihnen erhaltenen Auftrag im Sinn, müssen Sie im Stande sein, wie auch bei der Einarbeitung auf kurze Distanz, sein unerwünschtes Verhalten zu unterbrechen. Am besten gelingt dies über einen sicheren Rückpfiff oder ein Stoppsignal. Nachdem Sie Ihren Hund unterbrochen haben, können Sie die Aufgabe neu stellen. So geben Sie ein klares Time-out und begeben sich nicht in die ungünstige Situation, dem etwas vollkommen anderes machenden Hund vergeblich diverse Such-Kommandos und nicht beachtete Handzeichen entgegenzuschleudern.

Selbst wenn der Hund nach der x-ten Aufforderung wieder seine gewünschte Tätigkeit aufnähme, hätte er lediglich abgespeichert, dass Sie auch zufrieden sind, wenn er Ihrem Kommando nach mehrmaliger Wiederholung nachkommt und nicht gleich beim ersten Mal. Verlässt der Hund allerdings das Suchengebiet, weil er im Eifer des Gefechts einfach zu weit läuft, er aber durchaus noch intensiv mit seiner Aufgabe beschäftigt ist, können Sie Ihren Hund aus der Ferne unterstützen und einweisen. Mit einem ausgestreckten Arm in die gewünschte Richtung lässt sich der Hund gut lenken, sofern er regelmäßig Blickkontakt zu Ihnen aufnimmt. Sie dürfen auch selbst in das Suchengebiet hineinlaufen und dadurch sowohl die Aufmerksamkeit des Hundes auf sich lenken als auch zusätzlich körpersprachlich die Richtung beeinflussen. Laufen Sie dementsprechend mit nach rechts ausgestrecktem Arm seitlich nach rechts, dann wird auch Ihr Hund diese Richtung annehmen. Sollte der Hund so in die Suche vertieft sein, dass er Ihre Handzeichen und Hilfen nicht wahrnimmt, spricht nichts dagegen, ihn anzusprechen oder mit einem Pfiff zu unterbrechen.

DER HUND TRÖDELT

Sofern Sie ausschließen können, dass sich Ihr Hund bereits bis zur Erschöpfung verausgabt hat und schlichtweg nicht mehr schneller als Trab laufen kann, ist eine Suche, die langsamer ist als Galopp, in der Regel nicht mehr zielorientiert. Das Gleiche gilt, wenn der Hund zwischendurch stehen bleibt und mal hier und da einzelne Stellen beschnüffelt. Der Hund hat sich in solchen Fällen in der Suche ein wenig vergessen und sich ablenken lassen. In diesem Fall können Sie zunächst versuchen, Ihren Hund wieder durch motivierte Zurufe, Richtungsanzeigen und eigene Aktivität zu beschleunigen. Dazu brauchen Sie als Erstes die Aufmerksamkeit Ihres Hundes. Rufen Sie seinen Namen oder geben ein Stoppsignal. Sobald Sie wieder in seinem Bewusstsein sind, können Sie in die Hände klatschen, „Hopphopp, suchen!“ oder Ähnliches rufen und joggen selbst mit einer klaren Richtungsanweisung für den Hund in das Suchengebiet hinein beziehungsweise am Suchengebiet entlang. Sobald er sich wieder an seine eigentliche Aufgabe erinnert und zügig sucht, nehmen Sie sich selbst wieder zurück und lassen Ihren Hund arbeiten. Hilft das nicht oder nur für kurze Zeit, gibt es ein Time-out und der Hund wird aus der Suche herausgenommen. Entweder rufen Sie ihn direkt zu sich oder stoppen ihn zuvor. Dann richten Sie ihn erneut neben sich aus und schicken ihn ritualisiert mit frischem Kommando in die Suche. Es soll wie immer vermieden werden, dass Sie Ihrem Hund vergeblich mehrere Such-Kommandos hinterherrufen, während er minutenlang das Mauseloch bewindet und erst beim zehnten Mal die Suche fortsetzt. Ist auch das zweite Schicken nicht zügig und zielorientiert, holen Sie Ihren Hund wieder heran und setzen im Zweifelsfall einen (neuen) visuellen Impuls. Dabei tun Sie so, als würden Sie einen Dummy werfen oder auslegen, während Ihr Hund wartet und Ihnen zusieht. Kehren Sie zu ihm zurück und schicken Sie ihn nun ein weiteres Mal. Sobald es fraglich ist, ob Ihr Hund noch die Ausdauer und Konzentration für eine weiträumige Suche hat, können Sie mit dem Hund auch weiter in das Suchengebiet hineingehen und die Suche aus einer näheren Position starten.

Manchmal kann es notwendig sein, dass der visuelle Impuls erneuert wird.

Unerwünschtes Verhalten sollte adäquat unterbrochen werden.

DER HUND FINDET NICHT UND GIBT AUF

Bei aller Planung und Anpassung der Begebenheiten kann es auch mal vorkommen, dass ein Apportiergegenstand verschollen bleibt. Der Hund sucht und findet einfach nicht. Die Suche wird irgendwann weniger motiviert, und bevor der unerfahrene Hund nun aus Frust aufgibt, können Sie ihm mit einer Quersuche helfen. Viele Menschen beginnen zu einem bestimmten Zeitpunkt, selbst nach dem Dummy zu suchen. Das wirkt nicht besonders souverän und ist auch selten erfolgreich. Sie können Ihrem Hund weitaus besser mit einer angeleiteten Quersuche helfen und machen dabei noch dazu den Eindruck, die Lage im Griff zu haben. Zunächst schränken Sie Ihr Suchengebiet so weit ein, wie es geht. Wenn Sie also ungefähr wissen, wo sich der verlorene Gegenstand befindet, rahmen Sie diesen Bereich so eng ein, wie es Ihnen möglich ist. Nun starten Sie an der vorderen linken Ecke des Suchengebiets und gehen mit Ihrem Hund gegen den Wind zur rechten Ecke. Dort angekommen, machen Sie kehrt und laufen in einer kleinen Schleife wieder auf die andere Seite. So arbeiten Sie sich in Schleifen gegen den Wind in fünf Meter Schritten im Suchengebiet vor. Je nach Führigkeit und Aufmerksamkeit des Hundes, können Sie ihn frei lenken oder an der langen Leine führen. Ihr Hund sollte in Suchrichtung immer vor Ihnen positioniert sein, dabei aber nicht weiter als fünf Meter vorlaufen. Rechts und links von Ihnen sind größere Abstände gestattet. Achten Sie auf Ihren Hund, er wird Ihnen anzeigen, wenn er etwas in die Nase bekommen hat. Sollten Sie selbst über den Apportiergegenstand stolpern, nutzen Sie die Gelegenheit und führen Ihren Hund gezielt in den Wind, damit er selbst in der Lage ist, den Dummy zu finden. Sollten Sie beim ersten Suchengang keinen Erfolg haben, wiederholen Sie die Prozedur.

TAUSCHEN IN DER SUCHE

Wenn Sie mit mehreren Apportiergegenständen die Suche einarbeiten, besteht die Gefahr, dass Ihr Hund, wenn er einen Dummy aufgenommen hat, über einen weiteren Dummy stolpert und in die Verlegenheit kommt, zu tauschen. Das ist im jagdlichen Kontext absolut unerwünscht. Was einmal aufgenommen wurde, muss gebracht werden. Stellen Sie sich vor, auf einer Treib-

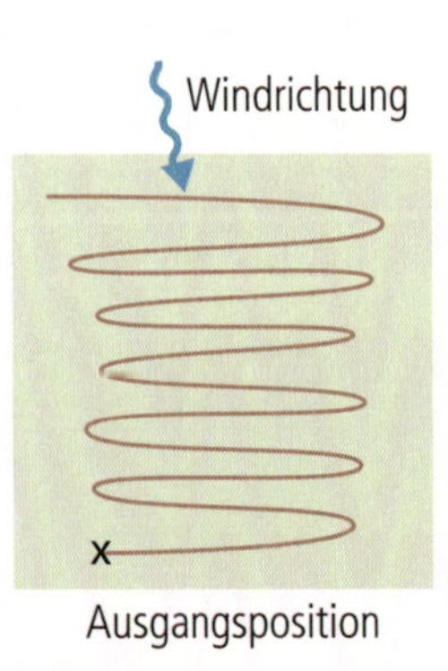

Angeleitete Quersuche als Hilfestellung

Hilfen sollten nur dann gegeben werden, wenn es wirklich nötig ist.

jagd nimmt Ihr Hund einen kranken Fasan auf und legt diesen auf dem Weg zu Ihnen ab, um ihn gegen ein frisch geschossenes Kaninchen zu tauschen. Aus Tierschutzgründen und im Rahmen der Waidgerechtigkeit wäre das fatal. Um das zu verhindern, gibt es eine Vielzahl von Übungen, mit denen Sie den erwünschten Umgang mit mehreren Dummys innerhalb eines Arbeitsganges üben können. Beginnen Sie dabei immer mit für den Hund gleichwertigen Apportiergegenständen. Durch die Verwendung von Dummys mit für den Hund unterschiedlichen Wertigkeiten können Sie später gezielt den Schwierigkeitsgrad erhöhen. Viele Übungen zum Vermeiden des Tauschens kommen aus dem Bereich des noch sichtigen Einweisens. Diese werden im nachfolgenden Kapitel noch genauer beschrieben. Allgemein ist es immer hilfreich, wenn Sie Ihren Hund, der sich erfahrungsgemäß zum Tauschen verleiten lässt, unmittelbar nach der Aufnahme des ersten Dummys motivieren und bestätigen, wobei Sie sich auch zur Unterstützung schnell von Ihrem Hund entfernen können. Locken Sie ihn also ruhig mit großem Überschwang zu sich, auch wenn Sie dies bei den Apportierübungen mit nur einem Dummy nicht mehr tun müssen. So veranlassen Sie ihn dazu, schnell und zielgerichtet zu Ihnen zu laufen.

Ein im richtigen Moment eingesetztes „Nein“ ist durchaus ein probates Mittel, sobald Ihr Hund beim Apport den direkten Weg zu Ihnen unterbricht und die Richtung eines weiteren Apportiergegenstandes einschlägt. Lässt sich Ihr Hund unterbrechen und wendet sich Ihnen wieder zu, muss Ihre Stimmung unmittelbar kippen und fröhlich motivierend auf den Hund wirken. Üben Sie das Apportieren mit mehreren Gegenständen als Verleitung gezielt und mit zunächst größeren Abständen von fünf bis zehn Metern. Je besser es klappt, desto näher können Sie die Apportel zueinander auslegen.

Nimmt der Hund einen der vorderen Dummys auf, wird er aktiv auf dem Rückweg motiviert. Richtungswechsel zu einem anderen Dummy werden korrigiert.

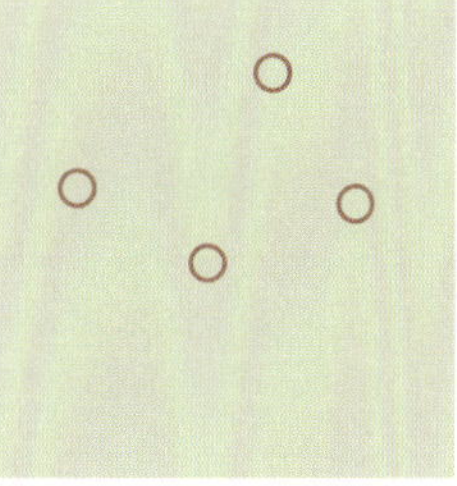

Das Nicht-Tauschen muss – wenn nötig – gesondert geübt werden.

Gefundenes muss stets gebracht werden.

In diesem Fall wird die Quersuche an langer Leine geübt.

HILFEN

Bei der freien Verlorensuche in Prüfung und Praxis sind grundsätzlich Hilfen über verbale Kommandos, Handzeichen und Körpersprache erlaubt. Sie müssen auch nicht zwingend am Rande des Suchengebietes stehen bleiben, sondern dürfen es selbst betreten. Je selbstständiger ein Hund am Ende allerdings sucht, desto besser ist es später für die jagdliche Praxis. Denn im Zweifelsfall wissen Sie nicht, wo sich das Wild befindet. Wenn Sie also merken, dass Sie Ihrem Hund helfen müssen, dann tun Sie das wohldosiert. Das heißt: So viel wie nötig, so wenig wie möglich. Sobald Ihr Hund nach einer Hilfe die Arbeit wieder zielgerichtet weiterführt, nehmen Sie sich wieder zurück. Bleibt Ihr Hund innerhalb der Suche stehen und schaut Sie fragend an, können Sie durchaus auch ein paar Sekunden abwarten, auf das er sich wieder selbstständig in die Suche begibt. Ist das nicht der Fall, motivieren Sie ihn wieder mit „Ja, Such" und geben dabei ein unspezifisches Handzeichen in das Suchengebiet hinein. Solange Ihr Hund noch zielgerichtet und flott sucht, und dabei auch innerhalb des Suchengebietes bleibt, verlieren Sie nicht die Geduld. Lassen Sie ihn arbeiten und geben ihm nicht permanent Kommandos und Richtungsanzeigen. Ist es notwendig, dass Sie selbst das Suchengebiet betreten, um den Hund wieder auf Spur zu bringen, vermeiden Sie es, sich vom Hund wegzudrehen, um zum Beispiel wieder zu Ihrem Ausgangspunkt zurückzukehren. Bemerkt Ihr Hund das im Augenwinkel während er sich gerade wieder an die Arbeit gemacht hat, dann interpretiert er es unter Umständen so, als würden Sie sich gänzlich entfernen wollen, und läuft wieder zu Ihnen. Möchten Sie also wieder aus dem Suchengebiet heraustreten, während Ihr Hund arbeitet, gehen Sie langsam rückwärts.

INFO

Bei den Hilfen gilt: So viel wie nötig, so wenig wie möglich!

Die freie Suche im Feld gehört zu den Aufgaben im Jagdalltag.

SCHLEPPEN

Die Schleppe ist eine künstlich angelegte Spur mit Schleppwild oder einem Apportiergegenstand. Die Einarbeitung auf der Schleppe bereitet den Hund darauf vor, ein verletztes Stück Wild anhand seiner Spur zu finden und letztlich zu apportieren.

Bei einer Schleppe hinterlässt der zu apportierende Gegenstand oder das Wild eine Spur, die der Hund möglichst spurtreu ausarbeiten soll, um ans Ziel zu kommen. Hat er gefunden, muss er ohne weitere Aufforderung der Hundeführerin oder des Hundeführers das Stück aufnehmen und bringen. Bei Prüfungen werden Distanzen von durchschnittlich 250 bis 350 Metern gearbeitet. Es gibt aber auch Langschleppenprüfungen mit Schleppen bis zu 1.000 Metern und mehr. In der Praxis lässt sich die Länge einer solchen Spur, die zum Beispiel ein kranker Hase hinterlässt, nicht beeinflussen. Je weiter der Hund allerdings eingearbeitet ist, desto geringer ist die Wahrscheinlichkeit, dass er frühzeitig vor dem Finden des Wildes aufgibt. Und darauf kommt es letztlich an! Sollten Sie mit Ihrem Hund eine Prüfung anstreben, bei der die Arbeit auf der Hasenspur beurteilt wird, dann ist das Üben von Schleppen eine gute Möglichkeit, Ihren Hund für die Spurarbeit generell sicherer zu machen und auch das Ansetzen auf der Spur zu ritualisieren, ohne zuvor Unmengen an Hasenspuren arbeiten zu müssen.

Die Spur des geflügelten Fasans kann als Schleppe geübt werden.

Die Schleppe wird vom markierten Startpunkt aus gezogen.

ANLEGEN VON ÜBUNGSSCHLEPPEN

Sie können im Grunde genommen jeden x-beliebigen Apportiergegenstand benutzen, den Ihr Hund zum momentanen Zeitpunkt bereits apportiert. Apportiert Ihr Hund Wild, können Sie natürlich auch Schleppwild benutzen. Bei der Einarbeitung des jungen Hundes starte ich allerdings sehr gerne mit Dummys. Diese apportiert der Hund in der Regel bereits zu einem früheren Zeitpunkt in der Ausbildung, so dass Sie auch zeitnah mit der Schleppenarbeit beginnen können. Bei der Einarbeitung geht es vornehmlich darum, dem Hund beizubringen, dass es lohnend ist, zielgerichtet, konzentriert und konsequent einer Spur zu folgen, und das am Ende nicht nur das Finden wichtig ist, sondern das Bringen unweigerlich dazugehört. Ziehen Sie ein Stück Wild über eine Wiese, wird jeder Hund, der noch nie zuvor mit der Schleppenarbeit vertraut gemacht wurde, in der Lage sein, dieser Spur zu folgen. Diese Nasenleistung kann jeder Hund erbringen. Trainieren müssen Sie die Ausdauer, den Finderwillen und den Umgang mit Widrigkeiten, wie dem Wiederaufnehmen der Spur nach Überlaufen eines Bogens und das Weiterführen der Spur über wechselnde Untergründe. Geeignet sind Standarddummys, Futterbeutel, Felldummys, Trockenwild und Schleppwild. Die Nutzung eines weniger intensiv riechenden Gegenstandes, wie eines Dummys im Gegensatz zum Schleppwild, ist eine gute Schulung für die Konzentrationsfähigkeit Ihres Vierläufers. Sie benötigen einen Schleppgegenstand, eine Schnur, um diesen hinter sich her zu ziehen, einen bis mehrere Markierungsstäbe oder Äste und anfangs eine zehn Meter lange Leine, um den Hund gezielt anzusetzen und, falls notwendig, am Verlassen der Spur zu hindern. Später benötigen Sie eine Ablaufleine, sofern Sie Ihren Hund nicht frei ansetzen möchten. Der jeweilige Schleppenzieher hinterlässt natürlich einen zusätzlichen Geruch auf der Spur. Der Hund folgt somit einer Mischung aus mehreren Geruchskomponenten: Schleppgegenstand, Bodenverwundung und Individualgeruch des Schleppenziehers. Spätestens nach einigen Wiederholungen wird der Hund aber abgespeichert haben, dass zum Finden des Apportels auch dessen Geruchskomponente primär auszuarbeiten ist. Überläuft er also den Gegenstand und dessen Geruch ist nicht mehr auf der Spur vorhanden, wird er sich zurückorientieren.

DER WIND

Eine Schleppe sollte nach Möglichkeit mit Rückenwind gearbeitet werden. Das gilt besonders für die ersten 30 bis 50 Meter vor dem ersten Bogen. Wind von hinten schafft die Notwendigkeit für den Hund, mit der Nase am Boden zu arbeiten und tatsächlich die Geruchsspur beim Suchen zu Hilfe zu nehmen. Wind von vorn würde ihm den Geruch des Apportels unter Umständen schon frühzeitig zutragen, und so wäre er geneigt, von vornherein mit dem Wind zu arbeiten. Wind von der Seite wiederum trägt den Geruch der Spur zur Seite, sodass der Hund parallel seitlich versetzt arbeiten muss. Sobald Sie Bögen in die Schleppe einbringen, lässt sich Seitenwind natürlich nicht mehr verhindern, und auch das Ansetzen bei Seitenwind sollten Sie langfristig mit Ihrem Hund üben. In der Praxis läuft das Wild mit Sicherheit nicht immer ordnungsgemäß mit Rückenwind davon. Für den Anfang ist es aber sinnvoll, mit möglichst optimalem Wind anzusetzen, damit der Hund gerade zu Beginn die Spur als Orientierung nutzt und sich daran „festsaugen" kann. Außerdem ist es für Sie einfacher zu beurteilen, ob der Hund tatsächlich auf der Spur arbeitet oder Verleitungen nachgeht. Sehr starker und böiger Wind, wechselnde Windrichtungen oder auch absolute Windstille können ebenfalls die Arbeit des Hundes beeinflussen und müssen in die Bewertung der Arbeit und des Trainings mit einbezogen werden. Wenn Ihr Hund also wiederholt von der Spur abkommt und sich immer wieder neu orientieren muss, geht er nicht unbedingt Verleitungen nach, sondern muss seine Arbeitsweise regelmäßig den Gegebenheiten anpassen, um ans Ziel zu kommen.

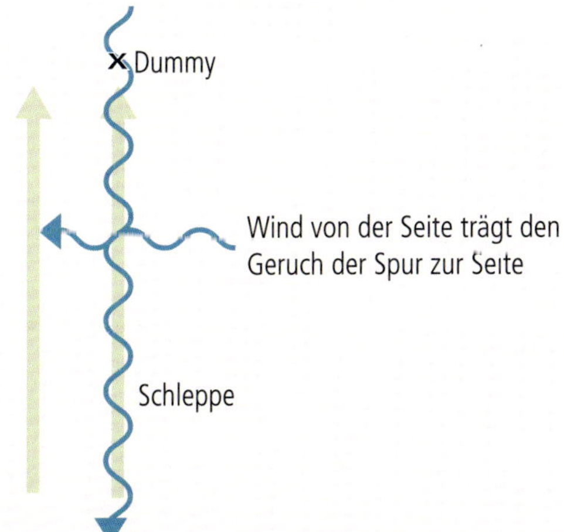

Auch bei der Schleppenarbeit sollte der Hundeführer unbedingt auf den Wind achten.

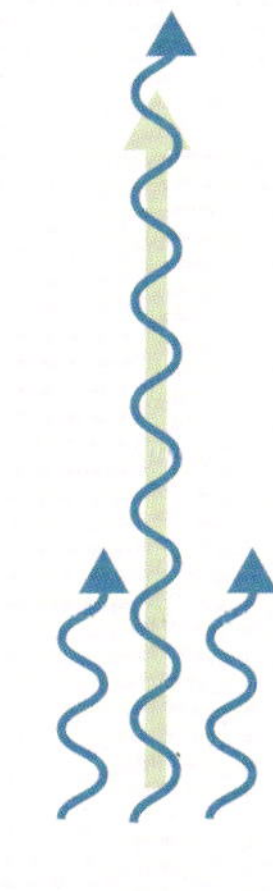

Rückenwind bringt die Hundenase auf den Boden.

DAS KLIMA

Das Klima spielt bei der Schleppenarbeit durchaus eine Rolle, sollte aber im alltäglichen Training nicht überbewertet werden. Ein warm feuchtes Bodenklima bindet den Geruch besonders gut. Trockenheit kann dazu führen, dass der Geruch sehr flüchtig ist. Das Gleiche gilt für Frost. Jeder Hund muss lernen, auch weniger intensive Schleppen auszuarbeiten. Hat Ihr Hund bisher immer bei günstigsten Klimaverhältnissen hervorragende Arbeit geleistet und soll nun seine erste Schleppe auf trockenem Acker absolvieren, wird er sich unter Umständen mehrmals korrigieren müssen. Trockenheit in Verbindung mit Hitze sind denkbar ungünstige Verhältnisse für die Schleppenarbeit. Bei Temperaturen über 25 Grad Celsius können Hunde bei intensiver Nasenarbeit Probleme mit der Temperaturregulierung bekommen. Hecheln und Schnüffeln funktioniert nicht gleichzeitig. Im Sommer sollte man das Training generell auf die kühleren Morgen- und Abendstunden legen oder gleich die Wasserarbeit an heißen Tagen auf den Trainingsplan setzen.

Arbeiten bei Hitze sollten vermieden werden.

DAS GELÄNDE

Idealerweise legen Sie die ersten Schleppen auf einer Wiese, mit zehn bis 20 Zentimeter hohem Bewuchs. Sie sollte auch nicht frisch gemäht oder gedüngt sein. Je nach Trainingsstand des Hundes kann und sollte der Bewuchs regelmäßig wechseln. Gründünger, Brachflächen, Rüben, blanker Acker und auch verschiedene Waldböden und vieles mehr sollte der Hund im Laufe der Ausbildung kennenlernen. Zusätzlich sollten Geländeübergänge und das Queren von Feldwegen trainiert werden. Arbeitet Ihr Hund sicher auf einer Geländeart, arbeiten Sie eine Zweite ein. Dann können Sie als Nächstes die Übergänge gestalten. Dabei sollte bei den ersten Malen der Hund schnell ein Erfolgserlebnis haben, sobald er den Übergang angenommen hat. Ziehen Sie dementsprechend den Hauptteil der Spur über die erste

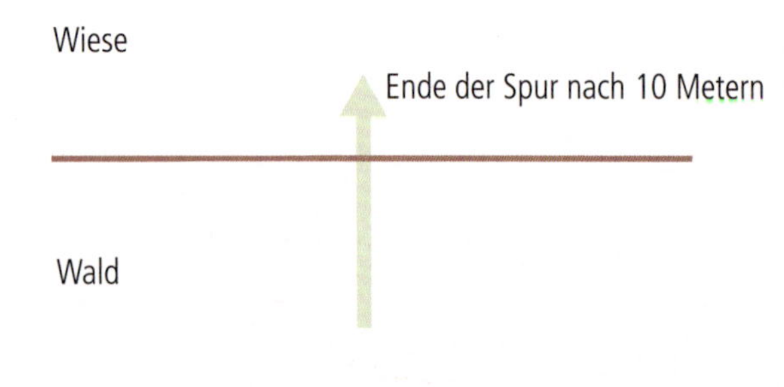

Bereits kurz nach dem Geländeübergang sollte der Hund Bestätigung finden.

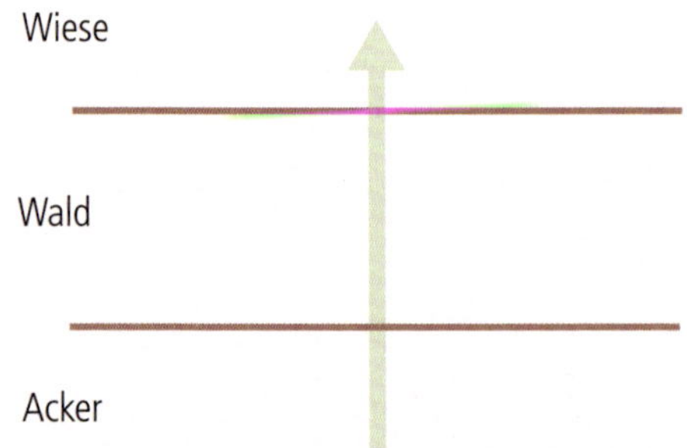

Für die jagdliche Praxis sollten weitere Geländeübergänge trainiert werden.

01

02

03

01 Anschuss mit Bodenverwundung und Federn

02 Anlegen des Anschusses am Markierstab

03 Herauszupfen von Gefieder, bei Haarwild Haar

Geländeform und beenden Sie die Spur etwa zehn Meter nach dem Übergang. Meistert Ihr Hund diese Herausforderung problemlos, können Sie die Distanz in der Regel zügig vergrößern.

DIE SPUR

Wenn Sie das passende Gelände gewählt und die Windrichtung geprüft haben, markieren Sie mit einem Stab oder Ast den Startpunkt der Schleppe. Den zu ziehenden Gegenstand befestigen Sie an einer Schnur, so dass Sie ihn bequem hinter sich herziehen können. Am Startpunkt reiben Sie das Apportel flächig über den Boden, sodass eine Stelle von circa 30 mal 30 Zentimeter abgedeckt wird. Benutzen Sie Felldummys, Trockenwild oder Schleppwild, zupfen Sie ein paar Haare oder Federn heraus und verteilen diese am „Anschuss". Klassisch wird hier bei Wild etwas vom Bereich des Bauches abgerupft. Ob dies nun ausschlaggebend ist, sei dahingestellt. Nun gehen Sie mit Rückenwind los und ziehen den Gegenstand hinter sich her. Der Verlauf und die Länge der Spur richten sich nach dem Trainingsstand des Hundes.

INFO

Ihr Hund darf das Legen der Schleppe nicht beobachten. Er muss sich ganz auf seine Nase verlassen können!

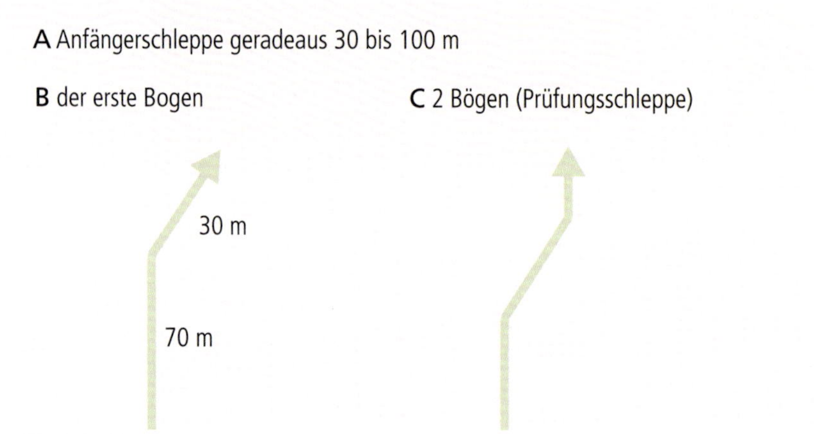

Beispiele klassischer Schleppenverläufe

Beginnen Sie mit einer Länge von 30 bis 50 Metern geradeaus. Die Spur sollte lang genug sein, damit der Hund sie auch als durchgehende Spur wahrnimmt, aber auch kurz genug, um schnell ein Erfolgserlebnis zu erfahren. Sobald Sie merken, dass Ihr Hund beim Ansetzen die Spur direkt annimmt und zielgerichtet verfolgt, steigern Sie die Distanz auf 100 Meter geradeaus und bauen danach die ersten Bögen ein. So erweitern Sie schrittweise und kontinuierlich die Distanz auf 400 Meter und mehr. Markieren Sie sich bei den ersten Schleppen auch den Endpunkt und etwaige Winkel mit Stäben, um die Arbeit des Hundes genau einschätzen und, wenn nötig, korrigieren zu können. Nach einigen Wiederholungen bauen Sie diese Markierungen ab, da sich langfristig auch Ihr Hund daran orientiert. Am Ende der Spur angekommen, entfernen Sie die Schnur, mit der Sie den Gegenstand gezogen haben, und nehmen diese mit. Das Apportel legen Sie frei aus, damit es vom Hund am Ende der Schleppe gut gefunden werden kann. Legen Sie es also nicht in eine Mulde oder bedecken es mit hohem Gras oder Ähnlichem. Sie selbst gehen in Verlängerung der Spur noch rund 30 Meter weiter und dann im großen Bogen zum Startpunkt der Schleppe beziehungsweise zu Ihrem Hund zurück. Befindet sich Ihre Rückspur zu nah an der Schleppe, könnte Ihr Hund beim Überlaufen eines Bogens diese annehmen und von der gewollten Spur abkommen. Gehen Sie an einer Stelle parallel der Schleppe mit ungünstigem Seitenwind zurück, kann es sein, dass Ihr Hund Wind von Ihrer Rückspur bekommt und diese statt der Schleppspur annimmt.

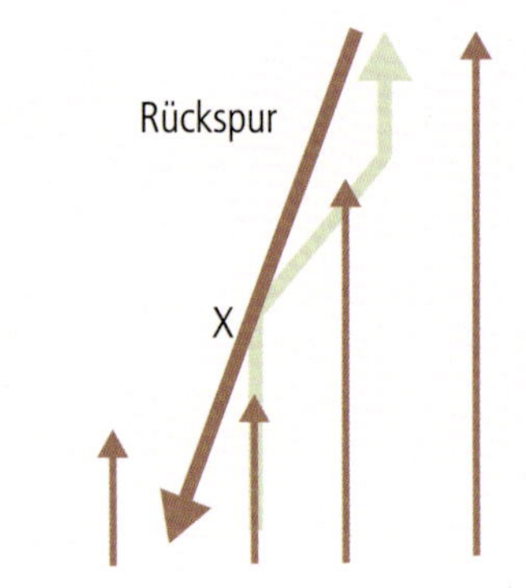

Rückspuren in der Nähe der Schleppe sollten vermieden werden.

TIPP

Zählen Sie Ihre Schritte oder zeichnen Sie Ihren Weg mit einer einfachen Tracking App auf. Man verschätzt sich schnell mit der Distanz!

VARIANTEN

Die Prüfungsspur hat eine Länge zwischen 250 und 400 Metern und beinhaltet zwei stumpfe Bögen, jeweils nach rechts und links. Wenn Sie nun starr dieses Schema einarbeiten und kaum Variation einbringen, ist es gut möglich, dass Ihr Hund anfängt, unsauber auf der Schleppe zu arbeiten. Viele Hunde nehmen den Startpunkt gut an, um dann vorzupreschen und auf der eingearbeiteten Distanz im Rahmen einer freien Suche den Apportiergegenstand zu finden. Das können Sie vermeiden, indem Sie frühzeitig im Training dieses starre Schema aufbrechen und Varianten anbieten. So kann der Verlauf der Schleppe auch mal einem „L" oder „U" gleichen. Ihrer Kreativität sind im Grunde genommen keine Grenzen gesetzt. Wichtig ist, dass das Ende der Schleppe nicht immer für den Hund verlässlich in der Verlängerung geradeaus vom Startpunkt entfernt auskommt. Achten Sie bei der Anlage von etwas außergewöhnlichen Schleppen allerdings erst recht auf die Windrichtung, damit Ihr Hund nicht auf den ersten 30 Metern bereits von anderen Streckenabschnitten der Spur Wind bekommt und abkürzt.

DER HELFER

Bis zur Prüfung sollten Sie Ihren Hund daran gewöhnen, Schleppen zu arbeiten, die von verschiedenen Personen gelegt wurden. Während Sie sich mit dem Hund abseits aufhalten, damit dieser das Legen der Schleppe nicht beobachten kann, zieht Ihnen ein Helfer die Schleppe. Instruieren Sie diese Person, wenn nötig, sehr genau über das generelle Anlegen der Spur und die gewünschte Distanz sowie den Verlauf. Sobald der Helfer den Schleppengegenstand abgelegt hat, geht er in Verlängerung der Spur etwa 30 Meter weiter und versteckt sich dann hinter einem Baum oder Busch. Im Zweifelsfall kann sich der Helfer auch ins hohe Gras oder einen Graben legen.

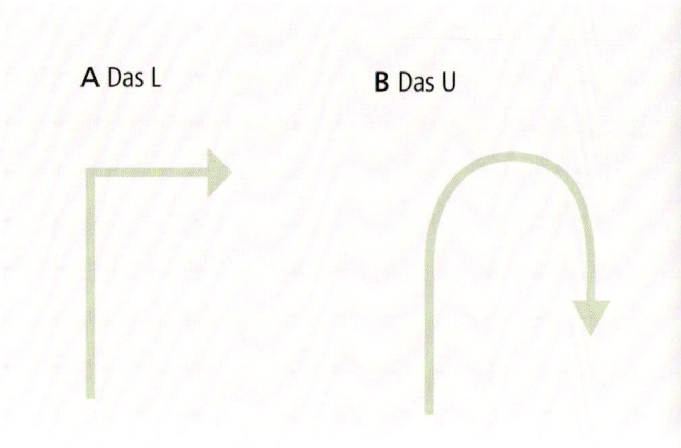

Bei den Verläufen von Schleppen im Training kann variiert werden.

Hauptsache er steht nicht für den Hund sichtbar im Gelände. Nun gibt es Vierläufer, die von Anfang an dem Schleppenzieher gegenüber vollkommen gleichgültig eingestellt sind. Selbst wenn sie den Gegenstand überlaufen und bei der Person im Versteck ankommen, lassen sie sich davon nicht beirren, nehmen die Spur wieder auf und suchen beharrlich ihr Apportel. Andere Hunde wiederum müssen sich erst an den Fremden hinter dem Baum gewöhnen. Wenn Ihr Hund also die Schleppe arbeitet und den Apportiergegenstand überläuft und gewollt oder auch ungewollt beim Schleppenzieher auskommt, sollte sich dieser absolut neutral dem Hund gegenüber verhalten. Nimmt der Hund in irgendeiner Art und Weise Kontakt zu ihm auf, spricht die Person nicht mit dem Hund und schaut im günstigsten Fall woanders hin. Merkt der Hund, dass hier bei dieser Person nichts geschieht, wird er sich in den meisten Fällen des Dummys besinnen und weiter danach suchen. Ist Ihr Hund extrem aufgeregt oder gar verängstigt im Angesicht des Schleppenziehers und kann dadurch seine eigentliche Aufgabe nicht mehr ausführen, begleiten Sie die ersten Schleppen entweder an der langen Leine oder gehen dem freilaufenden Hund zügig aber besonnen hinterher. So können Sie ihn

01

02

03

am Ende der Spur unterstützen. Rufen Sie ihn von der Person ab und erinnern ihn mit einem freundlichen aber bestimmten „Apportkommando" an seine ursprüngliche Aufgabe. Ist Ihr Hund ängstlich oder unsicher bezüglich der fremden Person, können Sie sich anfangs schützend auch zwischen Ihren Helfer und den Hund stellen und Ihren Hund motivieren, sich wieder der Suche des Apportels zu widmen. Mit zunehmenden Wiederholungen gehen Sie weniger weit mit und suggerieren nur noch durch Ihre Anwesenheit aus der Ferne, dass Sie jederzeit eingreifen oder helfen können, bis Sie schließlich am Startpunkt verbleiben können. Hunde, die extrem auf fremde Personen reagieren, die bei der Arbeit plötzlich im Bestand auftauchen, können außerhalb der

01 Ein Helfer wartet im Hintergrund.

02 Es kamm beim Hund zu Irritationen durch den ungewohnten Helfer kommen.

03 Durch Training bekommt der Hund Sicherheit im Beisein anderer Menschen.

Schleppenarbeit auf solche Begegnungen vorbereitet werden. Lassen Sie andere Personen hinter Bäumen stehen oder in Büschen hocken und apportieren Sie mit Ihrem Hund im Rahmen von zehn bis 20 Meter Distanzen um diese Leute herum. Auf kurze Distanz hat Ihr Hund Ihre Rückendeckung und Unterstützung und kann sich so hervorragend an diese neue Situation gewöhnen.

DAS ANSETZEN

Es gibt verschiedene Möglichkeiten, einen Hund auf der Spur anzusetzen. Klassisch verwenden Sie eine sogenannte Ablaufleine, eine lange Schnur, die Sie lose durch das Halsband ziehen und an beiden Enden festhalten. Indem Sie ein Ende loslassen, sobald Ihr Hund die Spur angenommen hat, können Sie ihn davon befreien, ohne ihn bei der Arbeit zu behindern. Darüber hinaus können Sie Ihren Hund vor dem Startpunkt kurz sitzen lassen und seine Aufmerksamkeit einfordern. Sie können ihn vor dem Startpunkt ablegen oder auch auf Kommando den „Anschuss" selbst suchen lassen. Wie Sie Ihren Hund ansetzen, hängt von dem Trainingsstand ab und davon, wie Sie selbst mit den unterschiedlichen Methoden zurechtkommen. Wichtig ist aber der Aufbau eines immer gleichbleibenden Rituals, damit sich der Hund direkt auf die bevorstehende Arbeit einstellen kann.

DEN ANSCHUSS BEGUTACHTEN

Bei der Schleppenarbeit kann der Hund, ähnlich wie bei der Fährtenarbeit, in zwei Meter Entfernung vom „Anschuss" abgesetzt oder abgelegt werden, während Sie selbst diese Stelle vor den Augen des Hundes untersuchen. Erst dann holen Sie Ihren Hund zu sich und lassen ihn dort schnüffeln. Dieses Ritual bringt unter Umständen etwas Ruhe und Konzentration in den Beginn der Übung und kann bei sehr stürmischen Hunden durchaus sinnvoll sein. Allerdings ist es aus jagdpraktischer Sicht eher unwahrscheinlich, dass Sie selbst eher noch als Ihr Hund auf den Quadratdezimeter genau wissen, wo sich der Anschuss des geflüchteten Hasen befindet oder wo der Fasan nach dem Schuss aufgekommen und geflügelt weiter gelaufen ist. Langfristig sollte Ihr Hund also in der Lage sein, den Startpunkt selbst ausfindig zu machen und auch selbstständig die Schleppenarbeit aufzunehmen. Damit Ihr Hund aber erstmal lernt, worum es überhaupt geht, führen Sie ihn an einer langen Leine oder Ablaufleine direkt zum Anschuss und bestätigen dann das selbstständige Aufnehmen der Spur. Es ist allerdings durchaus wünschenswert, darauf zu achten, dass Sie die Strecke vom Auto oder anderweitigem Ausgangspunkt bis kurz vor dem „Anschuss" halbwegs gesittet, sprich leinenführig bei Fuß, mit Ihrem Hund absolvieren.

Der Umgang mit der Ablaufleine muss geübt werden.

Gemeinsam gehen Hund und Herrchen zum Anschuss. Dort zeigt der Mensch dem Hund den Anschuss.

ERSTE SCHLEPPEN AN LANGER LEINE

Bevor Sie Ihren Hund frei auf der Schleppe arbeiten lassen, beginnen Sie mit den ersten Übungen an langer (zehn Meter) Leine. Nur so haben Sie die Möglichkeit einzuwirken, falls Ihr Hund die Spur verlässt. Sie begeben sich also mit kurzer Leine in die Nähe des „Anschusses“ und lassen Ihren Hund sitzen, um auf die lange Leine zu wechseln. Diese halten Sie nun zunächst kurz und steuern mit Ihrem Hund auf den Startpunkt zu. Sollte Ihr Hund von sich aus bereits die Stelle genauer untersuchen, bestätigen Sie das lobend, zeigen zum Boden und sagen „Such“. Mir persönlich reicht hier das Kommando „Such“, welches bei der Schleppenarbeit im Gegensatz zur freien Suche etwas gedehnt werden kann.

Nach ein paar Wiederholungen und dem immer gleichbleibenden Ritual ist dem Hund schnell klar, was und auf welche Weise gesucht werden muss. Der Unterschied zu einem flotten und kurzen „Such“ und dem körpersprachlichen Fokus auf das Suchengebiet bei der freien Verlorensuche im Gegensatz zum Schleppenritual dürfte für jeden Hund eindeutig genug sein. Bleiben Sie stehen und warten ab, ob Ihr Hund interessiert der Spur folgt. Dabei lassen Sie ein paar Meter Leine durch Ihre Hand gleiten, so dass Ihr Hund weiter vorwärtskommt. Folgen Sie dem Hund nun im Abstand von fünf bis sechs Metern, solange er sich auf der Schleppe befindet. Sollte er weiter als zwei Meter von der Spur abweichen, bleiben Sie stehen und halten die Leine fest. Es geht erst wieder voran, wenn der Hund die Spur wieder annimmt. Sollte Ihr Hund auch mit größter Geduld und einer Wartezeit von über 30 Sekunden absolut nicht auf die Idee kommen, sich wieder der Schleppe zu widmen, schauen Sie selbst interessiert zu Boden und gehen langsam die Spur entlang. Dabei können Sie zusätzlich auf die Spur zeigen und Ihren Hund, sobald er nachschaut, was Sie da

Wenn es nicht weitergeht, kann der Mensch helfen.

Spektakuläres entdeckt haben, loben. So wird jeder Vierläufer, mit weniger oder zunächst etwas mehr Hilfe, in Anlehnung an die Spur zum Ziel kommen und dort die bestätigende Beute vorfinden. In den ersten Trainingseinheiten ist vor allem die Verknüpfung wichtig, dass das Folgen einer Spur zu einem Erfolg führt. Bei Anfängerschleppen von lediglich 30 Metern tritt früh genug Erfolg ein und der junge Hund verliert nicht aus Frust auf dem Weg zum Ziel das Interesse. Nach und nach steigern Sie nun die Länge auf bis zu 100 Meter und bauen dann den ersten Bogen ein. Finderwille und Konzentrationsfähigkeit werden sich so schnell entwickeln. Sobald Sie merken, dass Ihr Hund beim Ansetzen auf der Schleppe zielgerichtet beginnt, die Spur auszuarbeiten, und Sie bereits einige Male sicher ans Ziel geführt hat, können Sie die lange Leine loslassen und so Ihren Hund das letzte Stück frei arbeiten lassen. Dabei wird er, befreit von der Leine, an Tempo zulegen.

An der langen Leine kann der Hund unterstützt werden.

Für die Hundenase ist es überhaupt kein Problem, die Schleppe im Galopp zu arbeiten. Gehen Sie anfangs nach dem Loslassen der Leine noch langsam Ihrem Hund hinterher. Manche Hunde können davon irritiert sein, wenn plötzlich ein ungewohnt großer Abstand zwischen Ihnen entsteht. Merkt Ihr Hund, dass Sie hinterherkommen, gibt ihm das Sicherheit und er kann seinen Weg fortsetzen. Lassen Sie die Leine nun immer früher im Schleppenverlauf los, bis Sie schließlich nur noch die ersten Meter mitlaufen. Nun kann es sein, dass der Hund aufgrund der höheren Geschwindigkeit einen Bogen überläuft. Bleiben Sie ruhig stehen und geben ihm die Gelegenheit, die Spur selbstständig wiederzufinden. Die Fähigkeit zur Eigenkorrektur ist ein wichtiger Lernprozess bei der Schleppenarbeit. Sollten doch mal alle Stricke reißen, rufen Sie Ihren Hund zurück und arbeiten die Schleppe erneut an der langen Leine, bis der Bogen überwunden ist.

ANSETZEN MIT DER ABLAUFLEINE

Mithilfe der Ablaufleine können Sie Ihren Hund zielgerichtet am „Anschuss" ansetzen und einige Meter auf der Schleppe mitlaufen, bis er sich sicher daran „festgesaugt" hat. Ohne den Hund nun in seiner Arbeit zu behindern, wird er von der Leine befreit. Da auf der Hasenspur, wenn möglich auch mithilfe einer Ablaufleine, der Hund kurz hinter der Sasse angesetzt wird und Sie einige Meter mitgehen dürfen, ist das Ansetzen mittels Ablaufleine auf der Schleppe eine gute Gelegenheit, ein festes Ritual für die Spurarbeit generell zu etablieren. Damit Sie Ihren Hund dabei aber unterstützen und nicht behindern, sollten Sie bei der Handhabung auf einige Dinge achten.

Die Ablaufleine sollte eine Länge haben, bei der Sie bequem etwa einen Meter hinter dem Hund aufrecht stehen können, während er sich mit der Nase am Boden befindet. Nur so haben Sie beim Ansetzen und Mitlaufen sicheren Halt und stolpern nicht förmlich dem Hund im Nacken hängend, hinter ihm her. Die Leine sollte keine Haken, Ösen oder Knoten haben und gut durch das Halsband bzw. dessen Öse rutschen können. Dennoch muss sie so dick sein, dass Sie sie gut greifen können. An dem Ende, welches Sie festhalten, kann für einen besseren Halt ein einfacher Knoten gemacht werden. Sie sollten auf die Ablaufleine wechseln, bevor Sie mit Ihrem Hund an den „Anschuss" gehen. Hat der Vierläufer erstmal die Spur in der Nase, ist es absolut hinderlich, den arbeitsfreudigen Hund, der bereits in den Startlöchern steht, zum Wechseln der Leinen wieder aus der Arbeit herauszunehmen. Setzen Sie ihn also spätestens vier Meter vor Erreichen des Startpunktes ab und machen Sie sich und Ihren Hund für die bevorstehende Arbeit fertig. Nun gehen Sie mit Ihrem Hund an der Ablaufleine auf den „Anschuss" zu. Der Hund weiß schnell, worum es geht, und wird bereits die Nase auf den Boden richten und moderat vorziehen. Bei Rückenwind gehen Sie direkt auf den Startpunkt zu. Sollte der Wind auch nur leicht von einer Seite wehen, gehen Sie seitlich versetzt an den Startpunkt heran, so dass Ihr Hund im Wind der Spur ist.

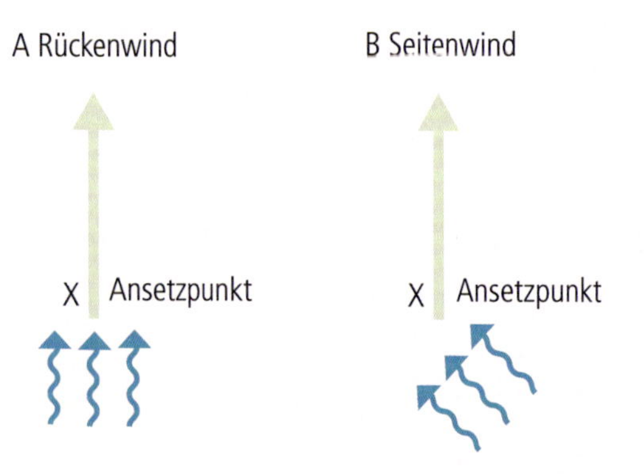

Die Windrichtung muss auch beim Ansetzen stets beachtet werden.

Wird die Ablaufleine zu kurz gefasst, ist dies unbequem für Hund und Mensch.

So hat die Ablaufleine eine korrekte Länge, um damit zu arbeiten.

Ist Ihr Hund nasenmäßig noch nicht im Thema, zeigen Sie ihm den „Anschuss" und sagen „Such", sobald er daran schnüffelt. Gehen Sie langsam mit und werden immer zügiger, sobald er sich zielgerichtet auf der Spur befindet. Nach einigen Metern lassen Sie ein Ende der Leine los und somit Ihren Hund frei arbeiten. Ist Ihr Hund beim Ansetzen schon von ganz allein mit der Nase bei der Sache, müssen Sie ihm die Stelle nicht extra noch zeigen. Loben Sie ihn, sobald er die Spur annimmt, und geben Ihr Kommando. Dann geht es los. Je nach Prüfung dürfen Sie bei den Schleppen bis zu 30 Meter mitlaufen. Verfallen Sie dementsprechend nicht in Hektik und lassen erst los, wenn Sie sich sicher sind, dass Ihr Hund auf der Spur ist. Nach fünf bis zehn Metern können Sie Ihren Hund entspannt laufen lassen und hätten dann immer noch genug Puffer. Achten Sie auch darauf, Ihren Hund nicht förmlich in eine Richtung zu schieben. Manche Menschen neigen dazu, Ihrem Vierläufer geradezu im Nacken zu hängen, aufgrund einer zu kurzen Leine hinterherzustolpern und dann plötzlich loszulassen. Daraufhin taumelt der Hund – endlich befreit – über die Wiese, um sich die Spur zu suchen und dann viele Meter weiter mit der Spurarbeit beginnen zu können. Achten Sie also auf Ihren Hund, lassen Sie ihm Raum, spüren Sie, wie er anzieht, und folgen ihm dann. Die Leine ist lediglich dazu da, den Hund daran zu hindern, auf den ersten Metern mit hoher Nase seitlich auszubrechen. In diesem Fall bleiben Sie lediglich stehen und warten, bis er wieder auf dem rechten Weg ist. Ein gut durchgeführtes Ansetzen mit der Ablaufleine ist die sicherste Variante, einen Hund auf der Schleppe anzusetzen. Das Handling gelingt aber nicht jedem Mensch-Hund-Team. Und wenn Sie am Ende bloß froh sind, die Leine endlich loslassen zu dürfen, dann ist es vollkommen in Ordnung, wenn Sie sich und Ihrem Hund den Stress ersparen und eine andere Möglichkeit finden.

ANSETZEN OHNE ABLAUFLEINE

Haben Sie Ihren Hund in der Spurarbeit gut eingearbeitet und hat er verstanden, worum es geht, können Sie auch andere Varianten des Ansetzens auf der Schleppe in Betracht ziehen. Sie können natürlich eine kürzere Ablaufleine benutzen, die lediglich dazu dient, den Hund an den „Anschuss" heranzuführen. Dort angekommen, lassen Sie die Leine durchlaufen, sobald Ihr Hund die Spur aufnimmt. Sie geben Ihr Kommando und laufen nicht mit. Ebenso können Sie mit dem Hund frei bei Fuß zum Startpunkt laufen und ihn dort so ablegen, dass er direkt Wittrung aufnehmen kann. Sobald er interessiert an der Bodenverwundung wittert, geben Sie das Kommando zum Suchen.

Unmittelbar nach Erreichen des Anschusses wird der Hund losgelassen.

Der Hund wird nach Erreichen des Anschusses an diesem abgelegt.

TIPP

Probieren Sie nach der Einarbeitung an langer Leine ruhig unterschiedliche Varianten des Ansetzens aus.

In dieser Szene findet der Hund selbstständig den Anschuss.

FREIES SUCHEN DES ANSCHUSSES

Dies ist mit Sicherheit die jagdnaheste Variante des Ansetzens. Bevor Sie damit beginnen, sollte der Hund allerdings sicher in der Schleppenarbeit sein und einige erfolgreiche und auch anspruchsvollere Schleppen ausgearbeitet haben. Gehen Sie wie gehabt mit Rückenwind an den „Anschuss" heran und lassen Ihren Hund etwa drei Meter davor neben sich absitzen. Leinen Sie ihn ab, weisen und schauen Sie Richtung Startpunkt und geben Ihr Kommando. Aufgrund der kurzen Distanz wird Ihr Hund schnell die Fläche mit der Bodenverwundung finden und von da an seine gewohnte Arbeit fortführen. Mit der Zeit steigern Sie Ihren anfänglichen Abstand zum „Anschuss" auf bis zu zehn Meter und variieren auch den Winkel, aus dem Sie Ihren Hund in Richtung der Schleppe schicken.

Das freie Ansetzen eignet sich nicht nur für Schleppen, sondern durchaus auch für die Hasenspur. Denn nicht immer findet sich der Bilderbuchhase, der bis zum Herantreten eines Prüfungsteilnehmers in der Sasse verharrt, sodass der Startpunkt genau identifiziert und der Hund exakt dort angesetzt werden kann. Können Sie aber ungefähr auf 10 x 10 Meter lokalisieren, wo Ihr Hase losgelaufen ist, und den Hund dort frei suchen lassen, wird er sicherer auf die Hasenspur kommen, als wenn Sie ihn, selbst unwissend, mit Ablaufleine in eine fragwürdige Richtung drängen.

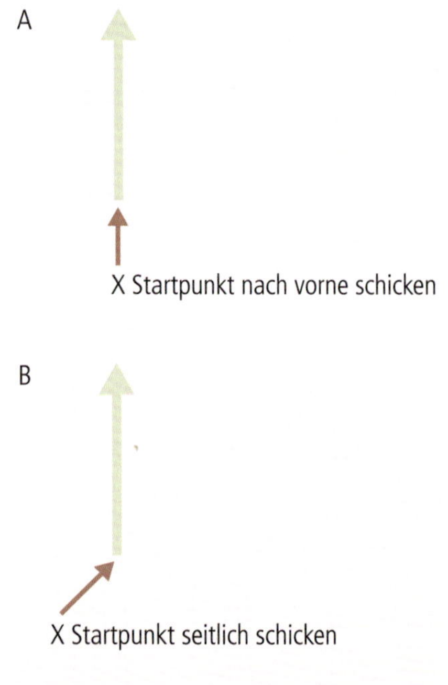

Freies Schicken aus verschiedenen Richtungen

SCHLEPPEN AUSSERHALB DES SCHEMA F

Auf Prüfungen kann es vorkommen, dass Sie vom Schleppenzieher gefragt werden, ob er oder sie ein oder zwei Stücke Wild am Ende der Schleppe auslegen soll. Das hat folgenden Grund: Es besteht die Möglichkeit, das erste Stück am Ende der Schleppe und das zweite Stück in der Verlängerung der Schleppe vor den Füßen des Schleppenziehers auszulegen. Sollte der Hund das Ende der Schleppe überlaufen, findet er dennoch in der Verlängerung der Spur ein Stück Wild zum Apportieren. Sollte er allerdings auf dem Rückweg zu seinem Menschen das erste Stück finden, besteht die Gefahr des Tauschens. Ist der Hund jedoch von Anfang an so eingearbeitet, dass nur ein Stück am Ende zu finden ist, wird er sich, sobald er überlaufen hat und den Schleppenzieher vorfindet, wieder auf die Spur besinnen und zurücksuchen. Hinzu kommt, dass die Einarbeitung mit zwei Apportiergegenständen und jeweils einem Helfer aufwändiger ist, als mit einem Gegenstand. Eine andere Möglichkeit besteht darin, ein Stück zu ziehen und ein anderes, frisches und trockenes Stück Wild am Ende auszulegen. Das gezogene Stück wird am Ende nicht ausgelegt, sondern vom Schleppenzieher aufgenommen und aus dem Verkehr gezogen. Dem Hund ist es im Zweifelsfall angenehmer, ein trockenes und unversehrtes Stück Wild aufzunehmen, als ein nasses und eventuell oberflächlich versehrtes Stück Wild. Diese Tricks und Kniffe können Ihnen eventuell auf einer Prüfung helfen. Da Ihr Ziel aber der zuverlässig apportierende Hund in der jagdlichen Praxis ist, üben Sie mit Ihrem Vierläufer am besten auch den Apport von Wild, dessen Zustand nicht mehr ganz makellos ist. Nur so sind Sie für alle Jagdsituationen gerüstet.

TIPP

Ersparen Sie sich für die Prüfung Situationen, die Fehler provozieren können und bleiben Sie bei den gewohnten Abläufen

---

Variante: Einen Dummy ziehen, einen anderen auslegen.

MEHRERE APPORTEL AUF EINER STRECKE

Nichtsdestotrotz kann es eine sinnvolle Übung sein, am Ende einer Schleppe mehrere Apportiergegenstände auszulegen. Hat Ihr Hund zum Beispiel beim ersten Ablaufen der Spur nicht gefunden, besteht die Möglichkeit, ihn erneut anzusetzen. Dieses erneute Ansetzen wird allerdings von vielen Hunden schlecht oder zögerlich angenommen, da am Ende dieser Spur ihrem Verständnis nach nichts zu finden ist. Um zwei oder gar dreimaliges Ansetzen zu üben, muss Ihr Hund auch mehrfach mit einem Erfolgserlebnis rechnen können. Sie ziehen eine Schleppe mit zwei (oder mehr) Gegenständen, legen den ersten aus und ziehen den nächsten in der Verlängerung rund 20 Meter weiter. Dann legen Sie diesen aus und verfahren gegebenenfalls so weiter.
Ziehen Sie die ersten Schleppen in dieser Form ruhig etwas kürzer und einfacher als die gewohnten, damit Ihr Hund schnell zum Erfolg kommt, sofern er die Spur wieder annimmt. Kommt Ihr Hund mit dem ersten Apportiergegenstand zurück, loben und belohnen Sie ihn und setzen ihn dann wie gewohnt erneut an. Sollte Ihr Hund die Schleppe nicht anfallen, laufen Sie mit. Dabei weisen Sie auf die Spur und schauen ruhig auch selbst interessiert zu Boden. Bricht Ihr Hund in eine freie Suche aus, holen Sie ihn wieder heran und verweisen auf die Spur. Sollten alle Stricke reißen, können Sie auch wieder auf die lange Leine zurückgreifen. Sie können auch eine Schleppe mit mehreren Apportiergegenständen ziehen und nacheinander verschiedene Hunde die Spur arbeiten lassen. Dabei sollte der nachfolgende Hund seinem Vorgänger nicht bei der Arbeit zusehen.
Er könnte sich sonst dazu verleiten lassen, direkt zu der Stelle zu laufen, an der der andere Hund zuvor etwas gefunden hat. Geruchlich stellen Sie durch die Fährte des vorangegangenen Hundes eine sehr interessante Verleitung her, von der sich der nachfolgende Hund nicht irritieren lassen darf. Im Hinblick auf die jagdliche Praxis ist diese Übung ebenfalls sinnvoll. Sind mehrere Hunde bei einer Gesellschaftsjagd im Einsatz, sind durchaus Überschneidungen bei der Hundearbeit möglich.

STEHZEIT

Bedenken Sie bei der Übung mit mehreren Apporteln auf einer Schleppe aber auch die immer länger werdende Stehzeit. Je länger Sie damit warten, Ihren Hund auf die Spur anzusetzen, desto konzentrierter muss er die geruchlich flüchtige Spur ausarbeiten. Das gesonderte Training von Schleppen mit längerer Stehzeit macht durchaus Sinn. Gerade in der Jagdpraxis ist der Hund wahrscheinlich nicht immer in Sekundenschnelle vor Ort, um die noch ganz frische Spur zu arbeiten. Und für Prüfungen nimmt das Wissen, dass der Hund auch nach 15 Minuten noch in der Lage ist, sauber eine Schleppe auszuarbeiten, sehr viel Hektik aus der Situation. Warten Sie anfangs erst fünf Minuten und steigern Sie dann im Verlauf des Trainings die Stehzeit in drei- bis fünfminütigen Schritten. Langfristig können Sie durchaus auf 30 bis 60 Minuten hinarbeiten.

Am Ende der Schleppe liegen drei Dummys in etwa 20 Meter Entfernung.

EINWEISEN

Bekannt ist das Einweisen vor allem aus der Retrieverarbeit. Das korrekte Einweisen, also das absolut genaue Dirigieren des Hundes auf Distanz, wird hier hochgradig professionell eingearbeitet.

Diese Genauigkeit müssen Sie für die jagdliche Praxis nicht erreichen. Gut eingearbeitete Grundkenntnisse können aber hilfreich sein. Auf hunderte Meter Entfernung werden auf speziellen Prüfungen und Turnieren die Hunde über Handzeichen, Kommandos und Pfiffe in die Ferne auf einen speziellen Punkt geschickt, um dort den zuvor ausgelegten Dummy zu apportieren. Der jagdliche Hintergrund ist jener, dass Sie selbst genau sehen konnten, wo zum Beispiel die geschossene Ente zu Boden fiel, Ihr Hund dagegen nicht. Um nun eine gegebenenfalls lang andauernde freie Suche zu vermeiden, sind Sie in der Lage, Ihren Hund direkt und ohne Umwege zur Fallstelle zu schicken. Für den jagdlichen Hausgebrauch ist es also durchaus sinnvoll, das Einweisen mit jedem für die Nachsuche auf Niederwild eingesetzten Hund zumindest ansatzweise zu erarbeiten. Auch wenn Sie Ihren Hund nicht haargenau auf eine 100 Meter entfernte Briefmarke einweisen wollen, so können Sie durch das Einweisen in konkrete Richtungen Ihren Hund hervorragend bei einer Suche unterstützen, in der er sich eventuell verzettelt hat. Diese Fähigkeiten können Sie genauso gut auch beim Apport am Wasser nutzen. Ohne professionelle Ambitionen in diesem Arbeitsbereich zu haben, sind Sie für den alltäglichen Hausgebrauch gut gewappnet, wenn Sie Ihren Hund 30 bis 40 Meter exakt geradeaus und aus der Distanz ebenso weit nach rechts und links schicken können. Über diese Entfernung hinaus können Sie ihn dann problemlos eigenständig in eine freie Suche übergehen lassen.

ERSTE SCHRITTE

Alle Übungen zum Einweisen beginnen Sie mit Ihrem Hund auf einem Gelände mit kurzem Bewuchs und sichtig ausgelegten Dummys. Die Distanz beträgt anfangs nicht mehr als fünf bis zehn Meter. Während der Einarbeitung der Kommandos für geradeaus, rechts und links soll der Hund nicht suchen müssen, sondern ganz eindeutig die Wunschrichtung annehmen. Je besser das funktioniert, desto mehr Apportiergegenstände kommen ins Spiel, die Apportel liegen weniger sichtbar aus und die Entfernung wird größer. Die Übergänge sind jeweils dem Trainingsstand angepasst und dementsprechend fließend. Ihr Hund entwickelt zunehmend Routine und Vertrauen in Ihre Kommandos. So werden Sie ihn mit der Zeit ohne vorherige Reize in verschiedene Richtungen schicken können. Der Wind spielt wie bei jeglicher Hundearbeit auch beim Einweisen eine Rolle. Da sich unsere vierläufigen Partner im Zweifelsfall eher an ihrer Nase als an ihren Augen orientieren, müssen Sie die Orientierung des Hundes bei Ihren Richtungsangaben berücksichtigen. Hat der Hund den Wind im Rücken, muss er den Dummy exakt überlaufen, um ihn in

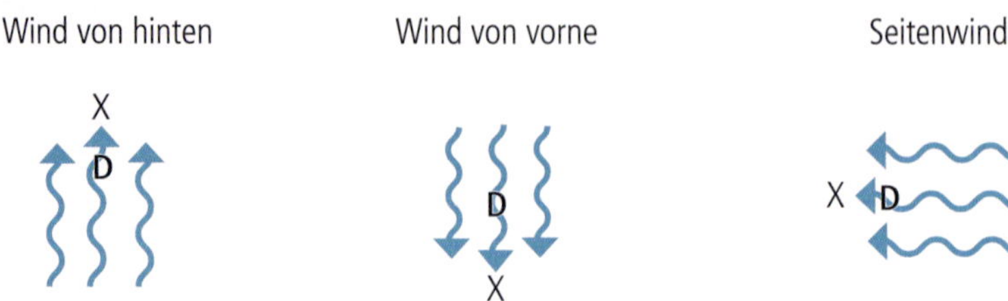

Auch beim Einweisen sollte stets die Windrichtung beachtet werden.

die Nase zu bekommen. Kommt der Wind von vorn, muss er haargenau darauf zulaufen, um ihn wahrnehmen zu können. Bei Seitenwind sollten Sie Ihren Hund so schicken, dass er leicht seitlich am Dummy vorbeiläuft und dabei Wind bekommen kann. Während der ersten Übungen zum Einweisen spielt dieser Faktor noch keine Rolle, denken Sie aber daran, sobald die Distanz größer und der Bewuchs höher wird.

VORAN

„Voran" bedeutet beim Einweisen mehr oder weniger exaktes und genaues Geradeauslaufen, bis ein Apportiergegenstand gefunden oder ein anderes Signal, zum Beispiel ein Sitzpfiff, gegeben wird. Es ist nicht zu verwechseln mit dem im Jagdgebrauchshundejargon häufig verwendeten „Such Voran" oder „Voran Apport", wodurch die Richtung eher grob nach vorne vorgegeben wird. Sollten Sie solcherlei Kommandos verwenden, etablieren Sie für das Geradeausschicken ein anderes Kommando als „Voran".

DAS AUSRICHTEN

Voranschicken beginnt mit dem korrekten Ausrichten des Hundes in die Wunschrichtung. Markieren Sie sich selbst diese Wunschrichtung anfangs mit Hilfsmitteln, zum Beispiel Stäben, später mit natürlich vorkommenden Orientierungspunkten in der Natur, die Sie in der Flucht anpeilen. Lassen Sie Ihren Hund absolut gerade in Richtung der Markierung sitzen, sodass seine Wirbelsäule genau in deren Flucht ausgerichtet ist. Sitzt der Hund schief, muss er beim Loslaufen die Richtung korrigieren. Auf kurze Distanz und auf Sicht ist das noch gut möglich. Blind und auf längere Distanz entsteht so eine große Abweichung von der eigentlichen Zielrichtung. Sie selbst

Das penibel genaue Ausrichten ist bei dieser Übung das A und O.

stehen rechts neben Ihrem Hund und halten die linke Hand wie einen Wegweiser über oder neben seinen Kopf. Auf diese Art stehen auch Sie selbst gerade ausgerichtet zur Markierung und nicht schräg zum Hund. Bevor Sie den Hund schicken, müssen Sie abwarten und genau darauf achten, dass er konzentriert in die angegebene Richtung schaut. Je nach Naturell des Hundes kann der Prozess des Ausrichtens durchaus eine gewisse Trainingszeit in Anspruch nehmen. Die körperliche Nähe, die Hand, das Warten und das genaue Hinsetzen muss sowohl Ihnen als auch Ihrem Hund erstmal in Fleisch und Blut übergehen. Zum „Einparken" des Vierläufers können Sie auch den einen oder anderen Keks zur Hilfe nehmen. Wenn es Ihr Hund gewohnt ist und ihn nicht stresst, dürfen Sie auch etwas schieben. Körperliches Zurechtrücken muss aber wohldosiert sein. Fühlt sich der Hund zu stark bedrängt, wird er aufstehen und versuchen, Distanz aufzubauen, oder er blockiert und wird so stark gehemmt, dass er sich nicht mehr auf die Aufgabe konzentrieren kann. Bleiben Sie dementsprechend geduldig und fair. Mit der Zeit gelingt es immer schneller.

VORANSCHICKEN MIT SICHTIGEM IMPULS

Bevor Sie Ihren Hund blind 40 Meter geradeaus schicken können, müssen Sie das erwünschte Verhalten des Geradeauslaufens gezielt herbeiführen und mit Ihrem Kommando verknüpfen. Um das Kommando zu generalisieren und den Schwierigkeitsgrad zu erhöhen, werden weitere Varianten der Übung im Training hinzugefügt. Damit der Hund geradeaus läuft, ist es hilfreich, ein Ziel ansteuern zu können. Dieses Ziel sind idealerweise Dummys, die in den ersten Trainingseinheiten gut sichtbar und auf kurze Distanz ausgelegt werden. So wird gewährleistet, dass sie auf gerader Linie angesteuert werden.

WIEDERHOLTES SCHICKEN AUF EINEN PUNKT

Lassen Sie Ihren Hund sitzen und legen Sie in etwa zehn Meter Entfernung an einer Markierung einen Dummy aus. Kehren Sie zu Ihrem Hund zurück und überprüfen noch einmal dessen korrekte Ausrichtung. Wenn alles passt, stellen Sie sich wie oben beschrieben neben Ihren Hund, geben das Handzeichen, warten ab und machen dann eine kleine Bewegung mit der Hand nach vorn und sagen dabei „Voran". Achten Sie darauf, keine ausladenden Körper-, Arm- oder Handbewegungen zu machen, da dies den Hund aus seiner Konzentration auf den Punkt viel zu sehr in Schwung bringen würde. Denken Sie daran, es kommt auf das Geradeauslaufen an und nicht darauf, irgendwie zum Dummy zu gelangen. Die meisten Hunde werden, da der bekannte Dummy im Spiel ist, schnell die Gedankenleistung vollbringen und auf das Kommando „Voran" zum Dummy laufen. Sollte ein Hund doch ein wenig auf dem Schlauch stehen, können Sie „Voran – Apport" sagen und das „Apport" mit der Zeit zunehmend ausschleichen lassen. Klappt diese Übung mit einem Dummy gut und haben Sie so ein neues Ritual etabliert, legen Sie drei Dummys genau an die markierte Stelle aus. Ihr Hund hat beobachtet, wie Sie einen Dummy ausgelegt haben, wird nun aber dreimal hintereinander geschickt. Der visuelle Impuls wird dadurch langsam abgeschwächt. Hat Ihr Hund also den ersten Dummy gebracht, richten Sie ihn erneut korrekt aus und schicken ihn ein zweites Mal. Solange er exakt geradeaus und zielgerichtet zur Markierung und den Dummys läuft, lassen Sie ihn arbeiten. Sobald der Hund zögerlich losläuft, unterwegs von der Linie abweicht oder sich fragend nach Ihnen umschaut, brechen Sie den Vorgang ab, indem Sie Ihren Hund abrufen und wieder neben sich absetzen. Nun müssen Sie zur Verdeutlichung einen frischen visuellen Reiz setzen. Gehen Sie hier-

Der Hund beobachtet das Auslegen der Dummys.

Jetzt wird die Ausrichtung kontrolliert.

Der Dummyhaufen ist am Markierstab positioniert.

für wieder zur Markierung und heben einen Dummy für den Hund sichtig hoch und legen ihn wieder hin. Jetzt sollte er sich wieder gut geradeaus zur Markierung schicken lassen. Der gesamte Vorgang wird so lange wiederholt, bis Sie Ihren Hund sicher etwa sechs Mal hintereinander auf sechs Dummys zur Markierung schicken können, ohne dass Sie den visuellen Reiz erneuern müssen. Dann können Sie schrittweise die Distanz erhöhen. Innerhalb dieser Übung können Sie entweder generell eine größere Ausgangsdistanz wählen oder, während Ihr Hund Richtung Markierung läuft, durch Vor- oder Zurückgehen die Distanz variieren. Aber Achtung: Sobald Ihr Hund die Linie verlässt, muss neu eingewiesen werden.

DIE DUMMYREIHE

Um allmählich größere Distanzen aufzubauen und den Fokus von der Markierung abzuschwächen, können Sie mehrere Dummys in einer Reihe in Flucht zu Ihrem Markierpunkt auslegen. Der Abstand zwischen den Dummys beträgt ungefähr fünf Meter. Bei schnellen Hunden, die dazu neigen, einen Dummy zu überlaufen, kann der Abstand auch etwas größer sein. Wichtig ist, dass Sie im Falle eines Überlaufens Ihren Hund stoppen und korrigieren können. Am besten erfolgt das über einen Sitzpfiff und einen nachfolgenden Zwischenapport, wie er ja bereits von den ersten Schritten beim Apportiertraining bekannt ist. Setzen Sie nun Ihren Hund in Richtung der Markierung ab und legen Sie die Apportel nicht wie in der vorangegangenen Übung allesamt dort ab, sondern lassen in den erforderlichen Abständen auf dem Weg dorthin die Dummys der Reihe nach fallen. Kehren Sie zu Ihrem Hund zurück, überprüfen und korrigieren Sie, wenn nötig, die Ausrichtung und schicken ihn „Voran". Ist der erste Dummy

Anlegen einer Dummyreihe auf Sicht

X ⟶ D1 ⟶ D2 ⟶ D3 ⟶ D4

Der Hund wird von Punkt X in Richtung des Markierstabes geschickt

Die Dummyreihe ist auf den Markierstab ausgerichtet.

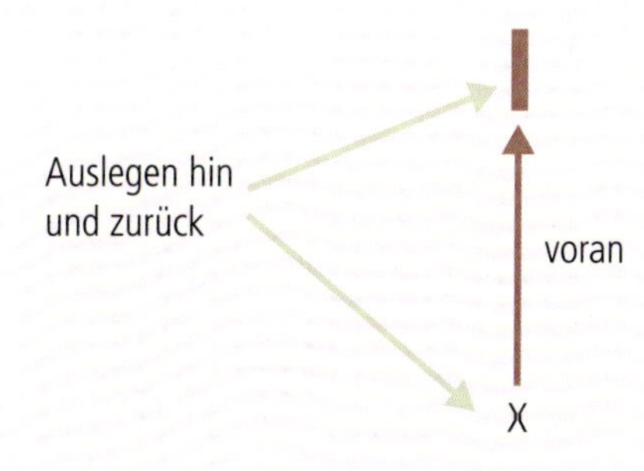

Vermeiden eines „Trampelpfades" beim Auslegen

eingesammelt, schicken Sie erneut und so weiter. Voraussetzung ist immer die eindeutige und zielgerichtete gerade Laufrichtung. Sobald Abweichungen entstehen, brechen Sie die Übung ab und machen Sie es Ihrem Hund wieder etwas leichter. Erneuern Sie dazu den sichtbaren Impuls, indem Sie die Strecke zur Markierung ganz oder teilweise ablaufen, oder verringern Sie die Distanz, indem Sie mit dem Hund gemeinsam weiter vor laufen und aus einer näheren Position schicken.

An dieser Stelle sei noch erwähnt, dass Sie anfangs einfach vom Start- zum Zielpunkt gehen können und wieder zurück. Damit legen Sie allerdings auch eine eindeutige und gut riechbare Spur an. Wenn Sie mit Ihrem Hund einen Trainingsstand erreicht haben, bei dem Sie mit hohem Bewuchs und größerer Distanz arbeiten, sollten Sie beginnen, die Dummys nicht immer auf dem direkten Weg vom Startpunkt zum Ziel auszulegen. Wenn möglich lassen Sie Helfer die Dummys auslegen.

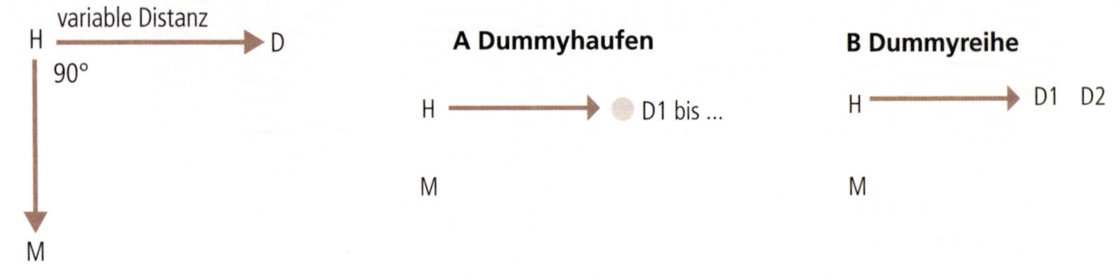

Die Ausrichtung nach links und rechts im 90°-Winkel

Die Ausrichtung des Hundes für die Arbeit am Dummyhaufen und an der Dummyreihe – sowohl nach rechts als auch nach links

RECHTS UND LINKS

In der Ausgangsposition befinden Sie und Ihr Hund sich vis-à-vis. Ziel ist es ja, den Hund später aus der Distanz in der Tiefe des Geländes nach rechts oder links zu schicken. Dementsprechend befindet sich der Apportiergegenstand seitlich auf gleicher Höhe neben dem Hund. Hund, Mensch und Dummy bilden die Punkte eines Dreiecks mit rechtem Winkel beim Hund.
Bei dieser Übung gilt es langfristig, nicht nur die Distanz zwischen Hund und Dummy zu erhöhen, sondern auch die zwischen Ihnen und Ihrem Hund. Sie starten allerdings wieder mit fünf bis zehn Metern und arbeiten sich kontinuierlich vorwärts. Wie bei der Übung zum Voranschicken starten Sie mit einem festen Punkt, an dem zunächst ein und später mehrere Dummys ausgelegt werden. Sowohl Ihr Ausgangspunkt als auch der Ihres Hundes bleiben gleich. Sie müssen dementsprechend Ihren Hund nach jedem Bringen wieder an seinen Ausgangspunkt zurückbringen und auch Ihren danach erneut einnehmen. Etablieren Sie die Übung zunächst mit einem Dummy und dann mit mehreren. Dabei können Sie wie beim „Voran" einen Dummyhaufen anlegen und auch eine Dummyreihe.
Sind alle Positionen bestückt, schicken Sie Ihren Hund mit einem eindeutigen Handzeichen in die gewünschte Richtung. Da Sie langfristig auf weitere Distanz eindeutig zu erkennen sein sollen, zeigen Sie nun nicht diagonal zum Dummy, sondern strecken den dementsprechenden Arm seitlich ab. Dann geben Sie das Kommando „Apport". Das verbale Signal dient in erster Linie dazu, Ihren Hund zum Loslaufen zu bewegen, da ihm das Handzeichen noch nicht als Kommando geläufig ist. Langfristig sollte das Handzeichen ausreichen, um ihn in Bewegung zu versetzen, denn auf 40 Meter Entfernung möchten Sie ihm weder ein „Apport", noch ein „Rechts" oder „Links" entgegenbrüllen.

Mit ausgestrecktem Arm wird der Hund zur Seite geschickt.

EINER RECHTS, EINER LINKS

Um das Richtungskommando abzusichern, können Sie, sobald das Schicken auf einen Dummy in eine Richtung problemlos funktioniert, einen zweiten Dummy auf die andere Seite legen. Nun gilt es zu überprüfen, ob Ihr Hund tatsächlich auf Ihr Handzeichen reagiert oder einfach irgendeinen Dummy bringt.

Zu Beginn des Trainings kann es durchaus sein, dass Ihr Hund die falsche Richtung annimmt. Mit den richtigen Stellschrauben können Sie die Schwierigkeit der Übung dem Trainingsstand des Hundes anpassen und Fehler reduzieren. Dabei müssen Sie beachten, dass der zuletzt ausgelegte Dummy tendenziell zuerst angenommen wird, da dieser noch frischer im Gedächtnis ist. Außerdem ist es wichtig, darauf zu achten, ob die Apportiergegenstände für Ihren Hund unterschiedliche Wertigkeiten haben. Wenn ja, dann wird er tendenziell zuerst zum attraktiveren Dummy laufen wollen. Ebenso beeinflussen die Entfernung des Dummys zum Hund und auch die Windrichtung die Schwierigkeit der Übung. Fangen Sie, wie bei allen Übungen, mit der einfachsten Variante an und steigern Sie schrittweise die Anforderungen. Einfach wäre zu Beginn, den Hund zum attraktiveren Dummy, welcher zuletzt ausgelegt wurde, zu schicken. Wenn Sie die Übung schwieriger gestalten wollen, denken Sie an diese Faktoren und drehen zu Beginn immer nur eine Schraube auf einmal an. Manchen Hunden hilft es bei den ersten Malen auch, wenn Sie körpersprachlich ein wenig Unterstützung anbieten. Positionieren Sie sich dabei nicht direkt gegenüber Ihrem Hund, sondern versetzt zu der Seite, zu der Sie ihn schicken wollen. Beim Schicken können Sie noch einen Seitwärtsschritt machen und sich etwas in die Wunschrichtung beugen.

Holt Ihr Hund doch einmal den falschen Dummy, lassen Sie ihn im Zweifelsfall einfach bringen und nehmen ihm ihn kommentarlos ohne Belohnung ab. Danach starten Sie die Übung erneut in einer einfacheren Variante. Reagiert Ihr Hund gut auf ein Tabuwort (z.B. Nein) und reagieren Sie selbst schnell genug, sobald er die falsche Richtung annimmt, dürfen Sie Ihren Hund unterbrechen und daraufhin freundlich heranrufen. Auch in diesem Fall wird die Übung ein weiteres Mal, gegebenenfalls etwas einfacher wiederholt. Rechts und links zu beiden Seiten können Sie ebenfalls

Ausrichtung für Dummyhaufen und Dummyreihe rechts und links mit ausgestrecktem Arm

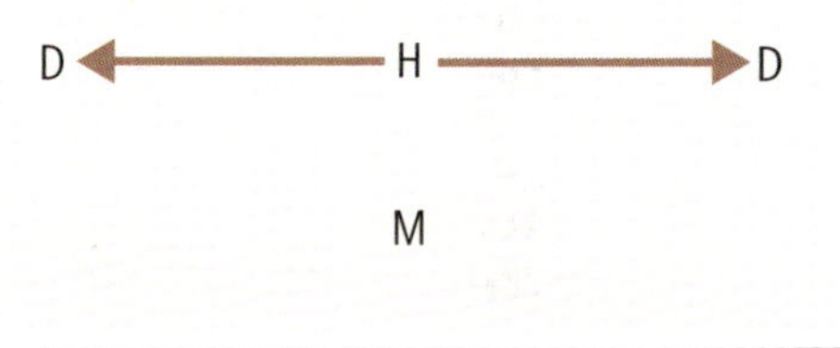

Der Mensch steht mittig. Links und rechts sind Dummys ausgelegt.

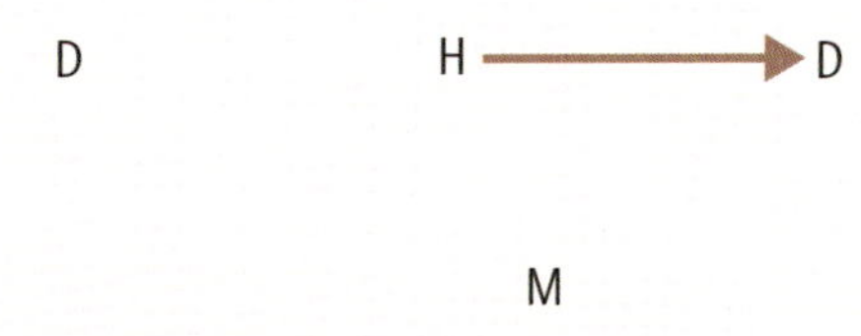

Zur Unterstützung des Vierbeiners steht der Mensch leicht versetzt zum Hund.

Wenn alles passt, kann es „voran" gehen.

vertiefen, indem Sie mehrfach schicken, ohne jedes Mal einen neuen Dummy auszulegen (Stichwort Dummyhaufen und Dummyreihe).

BLIND SCHICKEN

Sie können beginnen, Ihren Hund blind einzuweisen, wenn er eine Distanz von bis zu 40 Metern ohne nennenswerte Abweichungen von der eingewiesenen Richtung zurücklegt und dabei nicht in eine freie Suche übergeht. Ihr Hund beobachtet nun nicht mehr das Auslegen der Apportiergegenstände. Versuchen Sie zu vermeiden, immer einen exakten Laufweg zwischen Start- und Zielpunkt zu gehen. Starten Sie allerdings wieder mit kürzeren Distanzen und arbeiten Sie sich wieder schrittweise voran. Merken Sie sich von einem gleichbleibenden Ausgangspunkt aus eine natürliche Markierung in der Landschaft. Diese Punkte können Sie am Horizont anpeilen, wenn Sie Ihren Hund voranschicken. So behalten Sie selbst die Orientierung und schicken Ihren Hund nicht ins Leere. Auch beim Schicken nach rechts oder links sollten Sie natürliche Orientierungspunkte der Landschaft nutzen, um die Lage des Dummys zur Position des Hundes im Raum genau einschätzen zu können. Weicht der Hund nach zu kurzer Distanz von der eingewiesenen Richtung ab, stoppen Sie ihn und weisen erneut ein. Bei wiederholtem Bögeln muss die Distanz wieder verringert werden.

PROFI ODER LAIE

Das exakte Einweisen erfordert in der Einarbeitung sehr viel Fleiß. Je größer die Distanz werden soll, desto genauer müssen Sie Ihren Hund einarbeiten. Im jagdlichen Gebrauch ist es vollkommen in Ordnung, wenn Sie Ihren Hund eigenständig nach einer gewissen eingearbeiteten Distanz in die Suche übergehen lassen. Sollten Sie allerdings sehr viel Spaß am Einweisen bekommen haben, dann spricht nichts dagegen, dieses Thema auch mit dem jagdlich eingesetzten Hund zu vertiefen. Es gibt eine Vielzahl an Übungen zu diesem Thema, mit dem sich ganze Bücher und Kataloge füllen lassen. Die beschriebenen Übungen bieten Ihnen aber eine solide Grundlage für den Start in die Thematik.

WASSERAPPORT

Für die Nachsuche auf Wasserwild ist es wichtig, dass der Hund auch aus dem Wasser sicher apportiert. Dies beinhaltet das sichtige Schicken des Hundes zum Apport, vor allem aber die freie und ausdauernde Suche im Wasser.

Die meisten Hunde brauchen anfangs einen Anreiz, um das Wasser anzunehmen und die ersten Schwimmzüge zu machen. Was liegt da näher, als einen Dummy ins Wasser zu werfen, um den Welpen oder Junghund zu animieren. Die Ausführung des Apports muss zu diesem Zeitpunkt noch nicht vollends sauber sein. Setzen Sie sich bei der Einarbeitung daher Etappenziele in Anlehnung an Ihre Fortschritte beim Apport an Land. Das erste Ziel sollte es daher sein, den Hund zum Schwimmen und anschließendem Aufnehmen und Anlanden des Dummys zu bewegen. Danach kommt die Abgabe in die Hand in Ufernähe, die Abgabe in die Hand nach einigen Metern Weg über Land und letztlich das Vorsitzen und Halten. Die Herausforderung am Wasser ist der Drang des Hundes, sich zu schütteln, sobald er an Land kommt. Dabei lässt er häufig das Apportel fallen, was jagdpraktisch natürlich absolut unerwünscht ist.

Ein sicherer Apport von Wasserwild ist besonders entscheidend.

01

02

03

01 Schritt 1: Abgabe in die Hand ohne Vorsitzen

02 Wasserdummys eignen sich gut für die Einarbeitung.

03 Schritt 2: Abgabe sitzend in Ufernähe

Sobald Ihr Hund sicher schwimmt und mit dem Dummy ans Ufer kommt, versuchen Sie, ihm zunächst das Apportel abzunehmen, bevor er es fallen lässt, indem Sie nah am Ufer stehen. Danach warten Sie, bis er sich schüttelt und geben im selben Moment ein dazu passendes Signal. So können Sie Ihrem Hund später mit einem Kommando die Freigabe zum Schütteln geben. Wenn er das Apportel vorher fallen lässt, fordern Sie ihn wieder auf, das Apportel aufzunehmen und in die Hand zu geben. Also die vom Landtraining bekannte Übung „Zwischenapport aus kurzer Distanz". Schüttelt er sich vorher, sagen Sie ruhig „Nein" und gehen einen forschen Schritt auf Ihren Hund zu, um Ihr Missfallen zum Ausdruck zu bringen. Danach gehen Sie aber sofort wieder einen Schritt zurück und ermuntern ihn freundlich, den Dummy korrekt in die Hand zu geben. Sobald die Abgabe in die Hand in Ufernähe klappt, stellen Sie sich Meter für Meter immer weiter weg vom Ufer und gehen wie beschrieben vor, bis eine Distanz von zehn Metern von Ihrem Hund, ohne sich zu schütteln, zurückgelegt werden kann. Sofern das Vorsitzen und Halten an Land sicher funktioniert, kann auch dieser Schritt beim Wasserapport eingefordert werden.

WARTEN UND SCHICKEN

Sobald Ihr Hund ohne zu zögern das Wasser annimmt und sicher schwimmt, lassen Sie ihn warten, bevor Sie ihn zum ausgeworfenen Dummy schicken. Damit der Reiz des Auswerfens nicht mehr vor jedem Schicken erneuert wird, werfen Sie mehrere Dummys verteilt aus und schicken Ihren Hund mehrmals hintereinander. Auch in diesem Fall passen Sie die Größe des Suchengebiets und die Schwierigkeit des Geländes dem Trainingsstand des Hundes an, bis er immer selbstständiger und weiträumiger sucht. So können Sie Ihren Hund zunächst auf die offene Wasserfläche schicken und dort immer weiter schwimmen lassen. Dann die gegenüberliegende Deckung mit einbeziehen oder bei schmaleren Fließgewässern das gegenüberliegende Ufer. Nicht immer steht zum Üben das perfekte prüfungskonforme Gewässer zur Verfügung. Nutzen Sie daher die Möglichkeiten, die sich Ihnen sowohl jagdlich als auch in der Freizeit bieten. Je mehr unterschiedliche Erfahrungen Ihr Hund beim Training machen kann, desto sicherer wird er auch in der Praxis mit neuen Situationen umgehen!

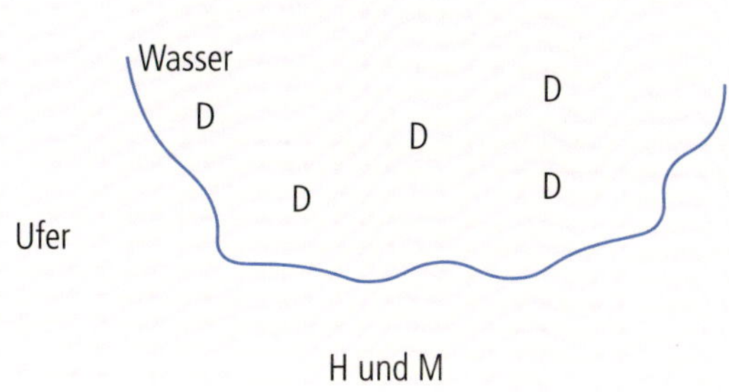

Mehrere Dummys liegen auf der Wasserfläche verteilt.

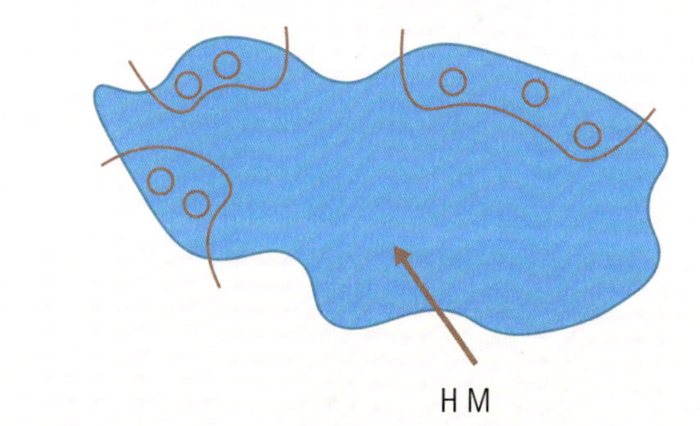

Die Dummys liegen verteilt in Ufernähe im Bewuchs.

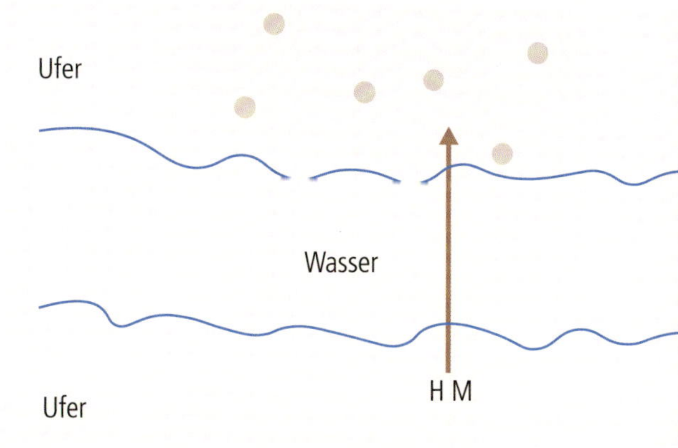

An schmalen Bächen sollte das Schicken über das Gewässer hinaus geübt werden.

Der Hund schaut beim Auswerfen der Dummys in diesem Fall noch zu.

Mehrfach hintereinander wird der Hund geschickt.

Mehrere Dummys liegen im Nahbereich zu Hund und Mensch.

Der Hund ist auf dem Weg zum Ufer des Gewässers.

Im Schilf hat der Hund den Dummy rasch gefunden und aufgenommen.

Und ab geht es mit dem Dummy im Fang zurück zum Hundeführer.

DER WIND

Der Wind spielt wie bei jeglicher Hundearbeit auch bei der Suche an Gewässern eine entscheidende Rolle. Hier schicken Sie Ihren Hund allerdings nicht bewusst mit Wind von vorn in die Suche, auch wenn es sicherlich vorteilhaft wäre. Die Gegebenheiten der meisten Gewässer ermöglichen es in der Regel nicht, den Einstieg nach Windrichtung zu wählen. Haben Sie dennoch die Windrichtung im Bewusstsein, um die Arbeit des Hundes einschätzen zu können und ihm, wenn nötig, sinnvoll zu helfen. Ihre Aufgabe ist es immer, den Hund so einzuweisen, dass er vom gesuchten Gegenstand Wind bekommen und ihn somit zielsicher finden kann. Die beste Vorbereitung ist dazu die Einarbeitung des Einweisens an Land.

BLIND SCHICKEN

Wenn Sie Ihren Hund mehrfach hintereinander zu sichtig ausgebrachten Apporteln schicken können, lassen Sie ihn im nächsten Schritt nicht mehr zusehen, wie die Dummys ausgebracht werden. Er wartet also abseits des Gewässers und hört unter Umständen noch das Platschen. Warten Sie noch ein paar Minuten und holen Ihren Hund. Achten Sie dabei auch auf gesittetes Verhalten auf dem Weg zum Gewässer. Lassen Sie sich dazu so viel Zeit wie nötig. Stellen Sie sich mit Ihrem Hund nah an den Uferbereich und schicken ihn mit dem Kommando „Such" los. Machen Sie es anfangs nicht zu schwer und verteilen Sie die Dummys ruhig wieder in einem kleineren Radius und erweitern diesen im Laufe der Wiederholungen.

Durch einen Steinwurf im Blickfeld des Hundes wird der visuelle Reiz für den Vierbeiner erneuert.

STEINWURF

Sollte Ihr Hund nicht zum Ziel kommen und langsam Frust aufkommen, können Sie ihn mit einem taktisch sinnvollen Steinwurf unterstützen. Werfen Sie den Stein in die Richtung, in der seine Suche wieder erfolgreich werden kann. Im Idealfall registriert Ihr Hund Sie nicht als Steinewerfer, sondern hört und sieht nur das Platschen. So wahren Sie seine Selbstständigkeit bei der Suche und verhindern, dass er Sie bei kleinsten Schwierigkeiten um Hilfe bittet.
Tipp: Mit dem Hund gemeinsam Schwimmen kann nicht nur bei der Wassergewöhnung hilfreich sein. Hunde, die im Wasser gerne mal ihr eigenes Ding machen, staunen nicht schlecht, wenn Frauchen oder Herrchen plötzlich mitschwimmen.

EINWEISEN IM WASSER

Wie an Land dürfen Sie Ihren Hund auch im Wasser bei der Suche unterstützen. Haben Sie Ihren Hund im Apportiertraining mit den Handzeichen für „rechts“ und „links“ ausgiebig vertraut gemacht, wird er darauf auch am Wasser reagieren. Ein zuvor an Land eingearbeiteter Sitzpfiff kann hier als „Aufmerksamkeitspfiff“ abgewandelt und eingesetzt werden, falls Ihr Hund den Blickkontakt von sich aus nicht zeitig genug aufnimmt. Achten Sie darauf, dass anfangs das Erfolgserlebnis bei Beachtung Ihrer Richtungsanweisung früh genug eintritt. So gewinnt der Hund Vertrauen in Ihre Hinweise.

VORAN

Das Voranschicken können Sie ähnlich einarbeiten wie an Land und mehrere Dummys in gerader Linie vom Uferbereich zuvor ausbringen. Geht Ihr Hund zu früh in eine freie Suche über, holen Sie ihn zurück ans Ufer, lassen ihn warten und werfen einen Stein in Richtung der Dummys, um die Zielrichtung neu in Erinnerung zu rufen. Im nächsten Durchgang arbeiten Sie dann nach Möglichkeit wieder auf eine ausreichend kurze Distanz, sodass kein Steinwurf nötig ist, und arbeiten sich schrittweise voran.

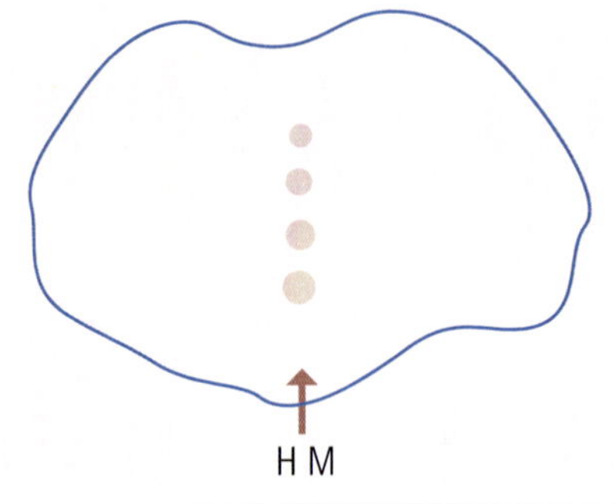

Voranschicken auf die Dummyreihe im Gewässer

RECHTS UND LINKS

Im Wasser ist es natürlich schwierig, den Hund vor der Richtungsangabe statisch in eine gute Ausgangsposition zu bringen. Sie können aber auf den richtigen Moment warten, indem sich Ihr Hund zufällig relativ nah neben dem Dummy befindet, ihn dann aufmerksam machen und mit dem Handzeichen in die erfolgversprechende Richtung schicken. Eine andere Möglichkeit besteht darin, dem suchenden Hund eine Richtungsangabe zu machen und einen Dummy zur Bestätigung vor seine Nase zu werfen, sobald er diese annimmt. Im weiteren Trainingsverlauf erfolgt der Bestätigungswurf nach weiter zurückgelegter Strecke in die entsprechende Richtung. Reagieren Sie dabei nie auf eine Erwartungshaltung Ihres Hundes. Werfen Sie daher nicht, wenn der Vierbeiner in Ihre Richtung schaut, sondern nur, wenn sein Fokus auf der Wunschrichtung liegt. Diese sichtbare Bestätigung bauen Sie im fortschreitenden Verlauf des Trainings nach und nach ab und geben Ihrem Hund nur noch Sicherheit. So kann er seinen Weg unbeirrt fortsetzen.

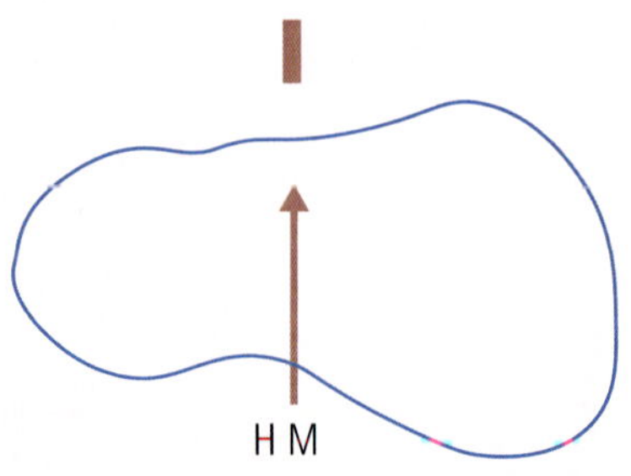

Voranschicken auf den Dummyhaufen am gegenüberliegenden Ufer

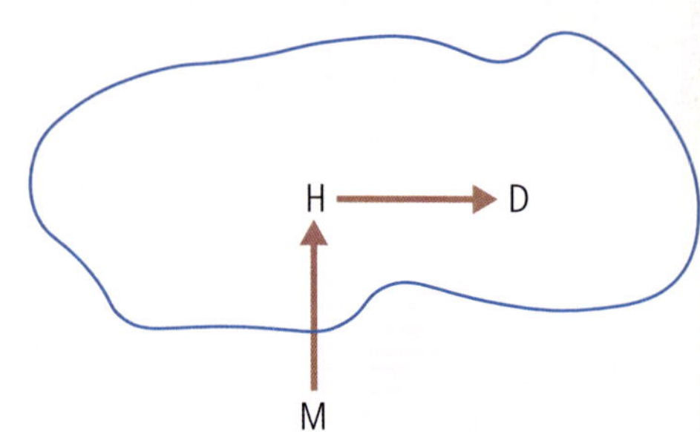

In diesem Fall wird der Hund nach rechts auf einer Wasserfläche eingewiesen.

SERVICE

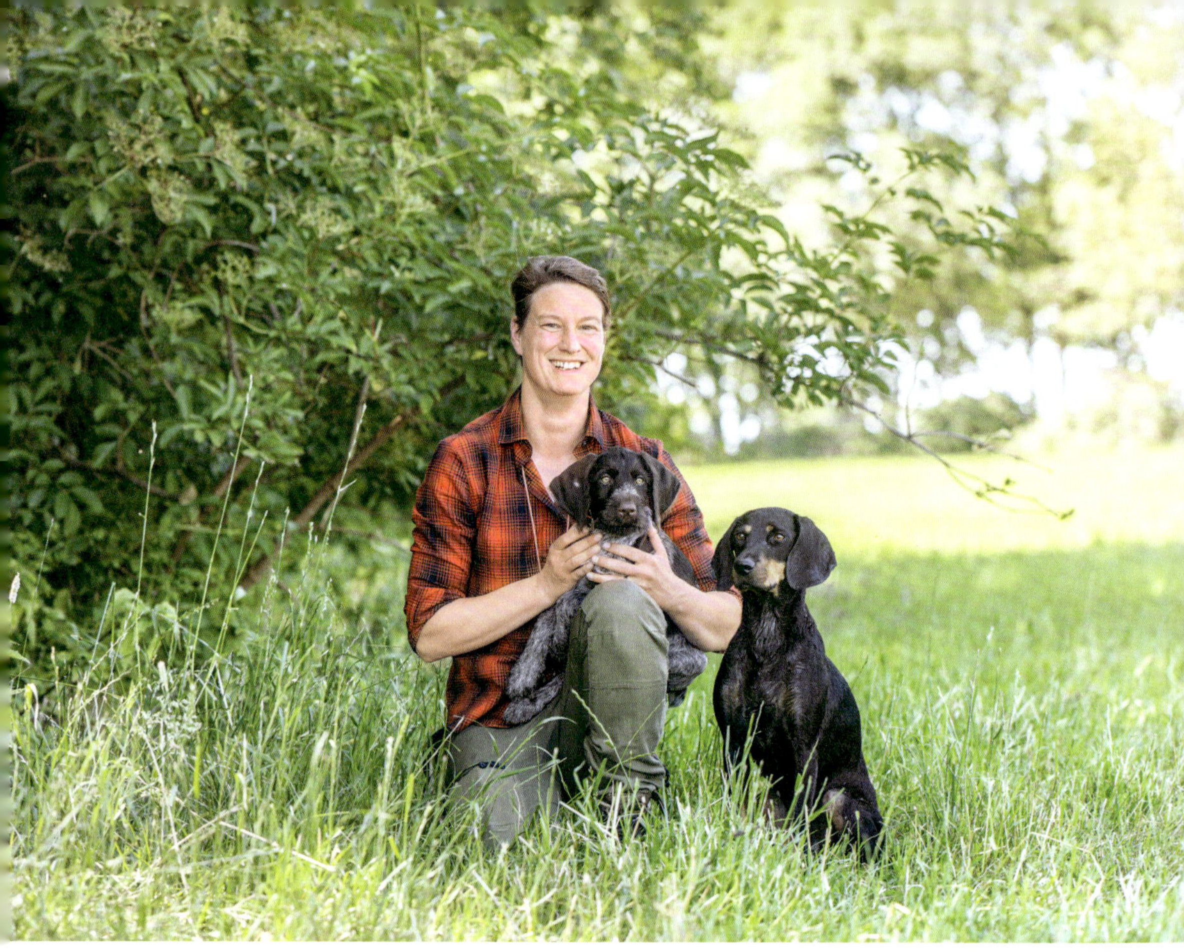

DANKSAGUNG

Jeder fängt mal klein an und braucht die Möglichkeiten, Erfahrungen zu sammeln und an seinen Aufgaben zu wachsen. Daher möchte ich meinen Freunden Ilka und Oliver Dorn danken, die mir von Beginn an großes Vertrauen in meine kynologischen Kenntnisse entgegengebracht haben und mir letztlich seit über zehn Jahren die Möglichkeit geben, regelmäßig Fachbeiträge in der Zeitschrift HALALI zu veröffentlichen. Ich danke auch meinem Mann Mark, der mich immer darin bestärkt, mehr aus mir herauszugehen und mein Wissen und meine Meinung nicht nur im „stillen Kämmerlein" kundzutun. Ich danke auch meinen beiden Privatlektoren Andre Kempen und Wolfgang Schaefer, die aus Kundensicht alle Texte vorab unter die Lupe genommen haben und beim Lesen immer meine Stimme hörten. Ich danke allen Kunden von damals und heute für die Möglichkeit, mit ihnen und ihren Hunden arbeiten zu dürfen und besonders denjenigen, die mich bei diesem Buchprojekt für das Fotoshooting so engagiert unterstützt haben. Und ich danke dem lieben guten Snert und der allerbesten Nape, meinem Seelenhund! Ayla, die als Bracke bei mir sogar apportieren und schwimmen lernen musste und dem kleinen Frechdachs Brunhilde, mit der alles wieder neu beginnt und mir gerade mitteilt, dass es Zeit wird, wieder etwas zu tun!

ÜBER DIE AUTORIN

Tanja Dautzenberg, Jahrgang 1980, entwickelte bereits in der Kindheit eine große Leidenschaft und Hingabe für den Umgang mit Hunden. Während ihres Studiums der Forstwirtschaft rückte das Thema Jagdhundeausbildung näher in ihren Fokus. Der oft übliche Umgang mit dem Jagdpartner Hund und auch die gängigen Ausbildungskonzepte konnten sie damals allesamt nicht überzeugen. Ihr erster Jagdhund, ein Kleiner Münsterländer aus zweiter Hand, war während der Studienzeit der beste Mentor. Prallte doch so manche „Hauruck-Methode“ an ihm ab. Für das Thema Jagdhundeausbildung entbrannt und dem Interesse weitere Ausbildungsmethoden kennenzulernen, absolvierte Tanja Dautzenberg nach erfolgreichem Abschluss des Studiums als Diplomforstingenieurin eine einjährige Hundetrainerausbildung und begann danach hauptberuflich in diesem Bereich zu arbeiten. Umfasste ihre Tätigkeit anfangs noch die Verhaltenstherapie bis hin zum Alltagstraining des Familienbegleithundes, so kristallisierte sich bereits früh heraus, dass der Schwerpunkt die Jagdhundeausbildung werden sollte. Mit dem Einzug einer Deutsch Drahthaar-Hündin konnten die Erfahrungen in der jagdlichen Praxis mit Hund als auch im Prüfungswesen weiter ausgebaut werden. Tanja Dautzenberg jagt im Hunsrück und am Niederrhein, ist Verbandsrichterin im Jagdgebrauchshundeverband und führt aktuell eine Brandlbracke und einen Deutsch Drahthaar. Sie schreibt seit über 10 Jahren regelmäßig Fachartikel in der Zeitschrift HALALI-Magazin.

ZUM WEITERLESEN

Blawe, Stefanie; Fries, Claudia: **Der Weg zum erfolgreichen Jagdhund.** Kosmos

Dautzenberg, Tanja; Pesch, Volker: **Vom Jagdhund zum Jagdgefährten.** Müller Rüschlikon

Fichtlmeier, Anton; Numßen, Julia: **Die Prägung des Jagdhundwelpen.** Kosmos

Fichtlmeier, Anton: **Der Hund an der Leine.** Kosmos

Fichtlmeier, Anton: **Die Ausbildung des Jagdhundes.** Kosmos

Fichtlmeier, Anton: **Grunderziehung für Welpen.** Kosmos

Fichtlmeier, Anton: **Suchen und Apportieren.** Kosmos

Kohtz-Walkemeyer, Marianne: **Apportieren – das Zusammenspiel von Mensch und Hund.** Oertel und Spörer

Lehne, Anke: **Fährtentraining für Jagdhunde.** Oertel & Spörer

Lehne, Anke: **Zeitgemäße Jagdhundeführung.** Oertel & Spörer

Mayer, Stefan; Schweizer, Joachim: **Ausbildung und Fährte.** Kosmos

Numßen, Julia: **Welpentraining für Jagdhunde.** BLV

Schlegl-Kofler, Katharina: **Apportieren – das einzigartige Step-by-Step-Programm.** Gräfe und Unzer

Schnatz, Tina: **Dummyfieber.** Mensch-Hund! Verlag

Zvolsky, Norma: **Die Kosmos Retrieverschule.** Kosmos

Zvolsky, Norma: **Retrieverschule für Welpen.** Kosmos

REGISTER

BILDNACHWEIS

Mit 178 Farbfotos von AdobeStock (33): (Annabell Gsödl (2) S. 3, S. 85; Shakarrigrafie (2) S. 4–5, S. 10; motivjaegerin1 (6) S. 6, S. 42, S. 131, S. 136 alle; Nadine Haase S. 7; andreaobzerova (2) S. 26–27, S. 55 u.; Lazy_Bear S. 36; Martin Schlecht S. 39 u.; kaninstudio S. 40; Halfpoint S. 41 u. l.; ksuksa S. 41 u. r.; Tom S. 43; rodimovpavel (2) S. 44–45, S. 52; callipso88 S. 55 o., Orosz György Photogr S. 56–57, martinfredy S. 60, DoraZett S. 61, alfa27 S. 62 u., RoJo Images S. 81 o. l., KrischiMeier S. 81 o. r., Yakobchuk Olena S. 87, serova_ekaterina S. 94–95, Shakarrigrafie S. 96, Robert S. 107, Nadine Haase S. 139); Stefanie Blawe & Claudia Fries S. 53; Tanja Dautzenberg (2) S. 90, S. 93; Jenny Figge (139): S. 8, S. 9, S. 11, S. 12–13, S. 14, S. 15, S. 16, S. 17, S. 18, S. 19, S. 20, S. 21, S. 22, S. 23, S. 24, S. 25, S. 29, S. 30, S. 31, S. 32, S. 33, S. 34, S. 35, S. 37, S. 38, S. 39 o., S. 41 o., S. 46, S. 47, S. 48, S. 49, S. 50, S. 51, S. 62 o., S. 63, S. 64, S. 65, S. 66, S. 67, S. 68, S. 69, S. 70, S. 72, S. 73, S. 74, S. 75, S. 76, S. 77, S. 78, S. 79, S. 80, S. 82, S. 83, S. 84, S. 86, S. 88–89, S. 91, S. 97, S. 98, S. 99, S. 100, S. 101, S. 102, S. 103, S. 104, S. 105, S. 108, S. 110, S. 111, S. 114, S. 115, S. 116, S. 117, S. 118, S. 119, S. 120, S. 121, S. 124, S. 126, S. 127, S. 128, S. 129, S. 130, S. 132, S. 134, S. 135, S. 137, S. 140; Ekkehard Ophoven (2) S. 54, S. 59; Shutterstock/aliaksei kruhlenia S. 106

Mit 36 Illustrationen von Lisa-Marie Marx (S. 28, S. 31, S. 71 (3), S. 72, S. 98, S. 99, S. 100, S. 101, S. 104, S. 105, S. 109 (2), S. 110 (2), S. 112 (2), S. 113, S. 118, S. 120, S. 122, S. 124, S. 126, S. 127 (2), S. 128 (2), S. 129 (2), S. 133 (3), S. 138 (3)) nach Vorlage von Tanja Dautzenberg

IMPRESSUM

Umschlaggestaltung von Büro Jorge Schmidt unter Verwendung von 10 Farbfotos von Jenny Figge (Außenklappe hinten (1), Innenklappe hinten rechte Seite beide, Innenklappe hinten rechte Seite unten); Markus Lück (Innenklappe vorne (3)); AdobeStock/Nikol (Cover); AdobeStock/Пётр Рябчун (Rückseite); AdobeStock/motivjaegerin1 (Innenklappe hinten rechte Seite oben).

Mit 188 Farbfotos und 36 Illustrationen

Gedruckt auf chlorfrei gebleichtem Papier

ISBN 978-3-440-17841-6
Projektleitung und Redaktion: Markus Lück
Gestaltungskonzept: Peter Schmidt Group GmbH, Hamburg
Gestaltung und Satz: DOPPELPUNKT, Stuttgart
Produktion: Kim Kanstinger
Druck und Bindung: Westermann Druck Zwickau GmbH, Zwickau
Printed in Germany / Imprimé en Allemagne